ÉLÉMENTS
DE GÉOMÉTRIE

CONFORMES AUX PROGRAMMES

DE L'ENSEIGNEMENT SCIENTIFIQUE DANS LES LYCÉES

PAR CH. BRIOT

Professeur à la Faculté des sciences, Maître de conférences à l'École normale

ET CH. VACQUANT

Ancien professeur de mathématiques spéciales au lycée Saint-Louis,
Inspecteur général de l'instruction publique

APPLICATION

CINQUIÈME ÉDITION

PARIS

LIBRAIRIE HACHETTE ET Cie

79, BOULEVARD SAINT-GERMAIN, 79

1879

ÉLÉMENTS

DE GÉOMÉTRIE

APPLICATION

Les Éléments de Géométrie comprennent :

1° *Théorie*, par M. Ch. Briot. 1 volume in-8°, avec des figures dans le texte, broché . . . . 5 fr.

2° *Application*, par MM. Ch. Briot et Vacquant. 1 volume in-8°, avec des figures dans le texte et des planches, broché . . . . 3 fr. 50

3° *Éléments de Géométrie descriptive*, à l'usage des candidats au baccalauréat ès sciences, à l'École de marine et à l'École militaire de Saint-Cyr, par les mêmes. 1 vol. in-8°, avec planches. . . . . 3 fr. 50

24 184. — Typographie A. Lahure, rue de Fleurus, 9, à Paris

ÉLÉMENTS

DE GÉOMÉTRIE

CONFORMES AUX PROGRAMMES

DE L'ENSEIGNEMENT SCIENTIFIQUE DANS LES LYCÉES

PAR CH. BRIOT

Professeur à la faculté des sciences, Maître de conférences à l'École normale

ET CH. VACQUANT

Ancien professeur de mathématiques spéciales au lycée Saint-Louis
Inspecteur général de l'Instruction publique

APPLICATION

CINQUIÈME ÉDITION

PARIS

LIBRAIRIE HACHETTE ET Cie

79, BOULEVARD SAINT-GERMAIN, 79

1879

INTRODUCTION.

La plupart des ouvrages qui traitent du levé des plans et de l'arpentage contiennent l'exposition de divers procédés sans lien les uns avec les autres. Nous avons pensé qu'on pouvait les rattacher à une même méthode fondamentale. Nous distinguons dans le levé des plans trois ordres d'opérations : 1° l'établissement d'un polygone topographique embrassant la plus grande partie du terrain; 2° le levé des points remarquables; 3° enfin le levé des détails.

Le levé du polygone topographique est l'opération principale, celle qui exige le plus de soin, et qui, une fois bien faite, fournit une base certaine pour les opérations ultérieures. Nous considérons les divers procédés, ce qu'on appelle le levé au mètre, au graphomètre, à la boussole, à la planchette, comme autant de moyens d'arriver au même but, c'est-à-dire de lever le polygone topographique et d'y rattacher les points remarquables du terrain.

Si l'on n'a à sa disposition qu'une chaîne pour tout instrument, on peut à la rigueur effectuer le levé du polygone : c'est le levé au mètre. Mais ce procédé est le plus long et le plus défectueux. En général, pour lever un plan d'une certaine étendue, il est indispensable de se munir d'un instrument propre à mesurer les angles, comme le graphomètre, la boussole, ou la nouvelle équerre, que l'on construit aujourd'hui, et qui sert à la fois de graphomètre et de boussole. Avec la chaîne, on mesure les longueurs des côtés; avec l'un des instruments que nous venons de citer, on mesure les angles ou l'on détermine les directions des côtés du polygone topographique.

Avant d'aller plus loin, il est bon de vérifier les opérations précédentes, en construisant immédiatement, sur une planchette servant de table de travail, le polygone topographique, et voyant s'il ferme bien. Une fois le polygone topographique levé, construit et vérifié avec soin, on procède au levé des points remarquables du terrain, en les rattachant au polygone, soit par des distances, soit par des angles : ce dernier moyen porte spécialement le nom de méthode des intersections, parce que la position de chaque point est déterminée par l'intersection de deux lignes droites.

La planchette est un instrument qui permet d'effectuer en même temps le levé du polygone et sa construction. Au lieu de mesurer les angles pour les rapporter ensuite sur le papier, on les trace immédiatement sur la planchette, de sorte que le polygone topographique se trouve à la fois levé, construit, et les points remarquables rattachés au polygone.

Quant aux détails, on les lève rapidement au moyen de perpendiculaires abaissées sur les côtés du polygone, ou sur des traverses, que l'on multiplie jusqu'à circonscrire les moindres masses de détails, et d'ordinaire on se contente de mener ces perpendiculaires à vue d'œil sans le secours de l'équerre.

L'emploi de l'équerre convient surtout pour le levé de certains grands détails, tels que les sinuosités d'une rivière. On se sert presque exclusivement de l'équerre dans l'arpentage, parce que le terrain se trouve ainsi décomposé en triangles et en trapèzes rectangles, dont on peut évaluer l'aire facilement.

Cette idée de faire du polygone topographique le principe fondamental du levé des plans paraît due au lieutenant-colonel du génie Clerc, qui, après avoir été professeur de topographie à l'École polytechnique et à l'École d'application de l'artillerie et du génie, à la fin d'une carrière consacrée au progrès de la topographie, a publié sur cette matière un ouvrage remarquable[1]. Elle a été aussi professée avec beaucoup de talent par M. *Bardin* dans ses excellentes leçons à l'École normale, en 1852.

1. *Essais sur les éléments de la pratique des levés topographiques et du nivellement*, par A. Clerc. 3 volumes in-8°.

ÉLÉMENTS

DE GÉOMÉTRIE.

(APPLICATION.)

PREMIÈRE PARTIE.

LEVÉ DES PLANS.

CHAPITRE PREMIER.

PRINCIPES.

Définitions. — Tracé d'une droite sur le terrain. — Mesure d'une portion de droite au moyen de la chaine.

Définitions.

1. On appelle *projection* d'un point sur un plan le pied de la perpendiculaire abaissée de ce point sur le plan; — projection d'une ligne sur un plan le lieu des projections des différents points de cette ligne sur le plan.

Fig. 1.

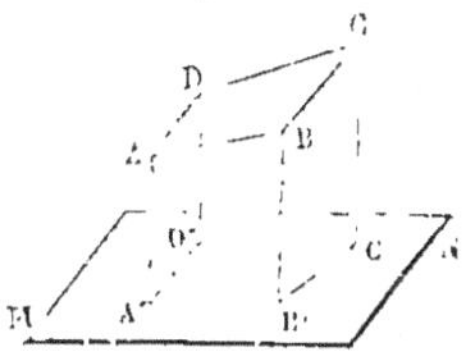

Les points A, B, C, D (fig. 1) ont pour projections sur le plan horizontal MN les points A′, B′, C′, D′.

La projection d'une ligne droite AB est la droite A′B′ qui joint les points A′ et B′, projections des deux extrémités de la droite AB.

2. Les lignes qui limitent ou divisent un terrain, les tracés des murs, des bâtiments, sur le sol, les points remarquables réunis entre eux par des lignes droites, forment sur le terrain une certaine figure que l'on nomme le *plan* du terrain, lorsque le terrain est uni et horizontal.

Mais, lorsque le terrain est incliné ou inégal, on imagine un plan horizontal sur lequel on projette la figure : c'est la projection qui constitue dans ce cas le plan du terrain. Ainsi le plan d'un terrain incliné, tel que ABCD, est la projection A'B'C'D' sur le plan horizontal MN.

3. *Lever le plan* d'un terrain, c'est prendre sur le terrain, en les inscrivant sur un croquis, les mesures nécessaires pour déterminer géométriquement la figure formée par le plan du terrain.

Rapporter le plan, c'est construire sur le papier une figure semblable à la figure formée par le plan du terrain, et telle que le rapport de similitude soit égal à un rapport donné.

Nous examinerons d'abord les divers procédés que l'on peut employer pour lever le plan d'un terrain, et nous montrerons ensuite comment le plan levé peut être rapporté sur le papier.

4. La figure formée par le plan du terrain se compose de lignes droites ou courbes, et de points. Les droites sont déterminées quand on a déterminé leurs extrémités ; les lignes courbes peuvent toujours être remplacées par les lignes brisées qui s'en écartent peu, et leur détermination est ainsi ramenée à la détermination des sommets d'une ligne brisée ; de sorte que le problème général du levé des plans est ramené au problème suivant : Étant donnés un certain nombre de points A, B, C,.., sur le sol, déterminer géométriquement la position de ces points les uns par rapport aux autres. Lorsque le terrain n'est pas horizontal, on remplace ces points par leurs projections sur un plan horizontal.

Fig. 2.

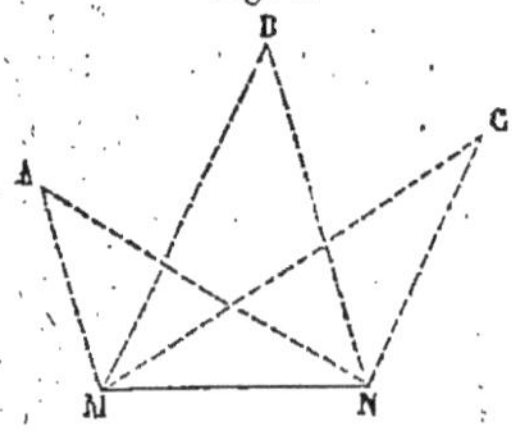

5. Le premier procédé qui s'offre à l'esprit consiste à choi-

sir sur le terrain une ligne droite ou *base* MN (fig. 2), et à déterminer la position des points remarquables A, B, C,... du terrain au moyen des triangles AMN, BMN, CMN,... qui ont ces points pour sommets et pour base commune la droite MN. Il suffira, pour lever le plan du terrain, de déterminer chacun de ces triangles.

Si le terrain n'est pas horizontal, on projettera toute la figure, comme nous l'avons dit, sur un plan horizontal, et l'on déterminera les triangles projetés. Il est clair que, ces triangles une fois connus, on pourrait construire sur un plan horizontal une figure identique à la figure formée par le plan du terrain.

Chaque triangle AMN peut être déterminé de deux manières : ou par ses trois côtés, ou par un côté MN et les deux angles adjacents AMN, ANM. Par la première méthode, on n'aura que des longueurs à mesurer; le mètre suffira : c'est le *levé au mètre*. Par la seconde méthode, on aura à mesurer des longueurs avec le mètre, des angles avec un instrument nommé graphomètre : c'est le *levé au graphomètre*.

6. On peut encore déterminer autrement la position des points remarquables d'un terrain les uns par rapport aux autres. Ayant choisi une droite, ou base, MN (fig. 3), et marqué un point O sur cette base, on mène, à l'aide d'un instrument appelé *équerre d'arpenteur*, des perpendiculaires des points A, B, C,..., sur la base MN. Soient a, b, c,..., les pieds de ces perpendiculaires. On mesure avec le mètre les distances Oa, Ob, Oc,..., et les perpendiculaires aA, bB, cC.... Ces mesures suffisent évidemment pour déterminer le plan du terrain : c'est le *levé à l'équerre*.

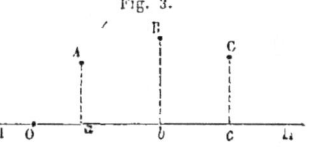

Fig. 3.

Nous venons de donner un premier aperçu des principes sur lesquels repose la théorie du levé des plans.

On comprend que, quel que soit le procédé que l'on emploie, on aura constamment à résoudre le problème suivant :

Tracer sur le terrain une droite passant par deux points, et mesurer la longueur de cette droite, ou, plus exactement, la longueur de la projection de cette droite sur un plan horizontal.

Tracé d'une droite sur le terrain.

7. Pour tracer une droite sur le terrain, on marque, à l'aide de piquets (fig. 4) appelés *jalons*, que l'on enfonce dans le sol, un certain nombre de points de cette ligne. Ces piquets sont généralement de forme prismatique, ils ont $1^m,50$ environ de long, sur 2 ou 3 centimètres d'épaisseur; l'extrémité qui s'enfonce dans le sol est pointue et garnie de fer, l'autre est fendue longitudinalement et peut recevoir un morceau de papier blanc qui rend le jalon visible à de grandes distances.

Fig. 4.

Si les points A et B, entre lesquels on veut tracer une droite, ne sont pas très-éloignés l'un de l'autre (de 40 à 50 mètres par exemple), on se contente de planter un jalon en chacun de ces points. On a soin de planter les jalons verticalement et de les enfoncer suffisamment, pour que le vent ne puisse ni les pencher ni les renverser.

8. Si les points A et B (fig. 5) sont plus éloignés, l'opérateur fait planter à un aide un certain nombre de jalons entre ces deux points sur la droite qui les joint. Pour cela, l'aide, muni de plusieurs jalons, marche de B vers A; arrivé à une certaine distance de B, il s'arrête, et fait mine de planter un jalon. L'opérateur, placé à une petite distance derrière le jalon

Fig. 5.

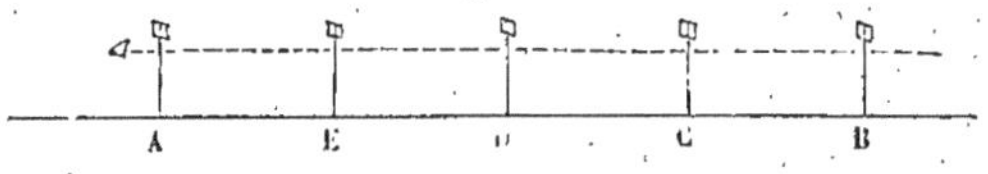

planté bien verticalement en A, et visant dans la direction AB, regarde le jalon que tient l'aide, et de la main lui fait signe de le porter à droite ou à gauche, selon que ce jalon lui laisse voir, à droite ou à gauche, le jalon planté en B; enfin, quand ce jalon lui cache exactement le jalon planté en B, il fait signe à l'aide de l'enfoncer dans le sol. Le jalon planté en C, l'aide marche de nouveau vers A, et, sur les indications de l'opérateur qui reste en A, plante de nouveaux jalons en D, E,... de telle sorte que le dernier planté cache toujours à l'observateur celui qui a été planté immédiatement auparavant.

Mesure d'une portion de droite au moyen de la chaîne.

9. Une droite étant tracée sur le terrain, il est facile d'en mesurer une portion déterminée. A cet effet, on emploie une chaîne en fer de 10 mètres de long que l'on appelle *chaîne d'arpenteur*. Elle se compose de 50 chaînons en fil de fer de 3 à 4 millimètres de diamètre; ces chaînons sont bouclés à leurs extrémités et réunis par des anneaux en fer : la distance des centres de deux anneaux consécutifs est de 2 décimètres. Les chaînons extrêmes ont une forme particulière; la moitié du chaînon environ est remplacée par une poignée en gros fil de fer, dont la longueur fait partie de la longueur de la chaîne. De mètre en mètre, les anneaux de fer, qui unissent les chaînons entre eux, sont remplacés par des anneaux de cuivre; l'anneau de cuivre qui réunit le cinquième mètre au sixième, porte une petite tige de fer, ou mieux de cuivre, qui permet de trouver immédiatement le milieu de la chaîne. Ajoutons que la chaîne ne pouvant jamais être parfaitement tendue, on lui donne une longueur de 10 mètres et quelques millimètres, pour éviter les erreurs qui résulteraient du défaut de tension.

Fig. 6.

10. Pour mesurer une droite horizontale AB, l'opérateur appuie contre le jalon A une poignée de la chaîne; un aide, tenant d'une main l'autre poignée et de l'autre les *fiches*, ou tiges de gros fil de fer terminées en anneau à une extrémité (fig. 6), se dirige vers B. Quand la chaîne est tendue, et que l'opérateur et l'aide se sont assurés qu'aucun *nœud* ne diminue la longueur de la chaîne, l'aide se baisse et fait mine de planter une fiche contre la poignée de la chaîne *intérieurement*. L'opérateur lui fait signe avec la main de porter la poignée de la chaîne et la fiche à droite ou à gauche, suivant que le prolongement de la droite, formée par la chaîne tendue, laisse le jalon B à droite ou à gauche, et enfin de la planter quand le prolongement de cette droite rencontre le jalon B.

La fiche plantée, l'aide se relève et marche vers B, emportant la chaîne avec lui ; l'opérateur suit, en évitant de marcher plus vite que l'aide, de peur de former des nœuds qui raccourciraient la chaîne. Arrivé près de la fiche, il s'arrête, appuie *extérieurement* la poignée de la chaîne contre cette fiche, fait planter une nouvelle fiche à l'aide comme précédemment, et enlève celle auprès de laquelle il vient de s'arrêter. Il continue ainsi jusqu'à ce que l'aide arrive en B ; alors, l'aide ayant appuyé la poignée de la chaîne contre le jalon B, l'opérateur abandonne sur le sol la chaîne tendue, et s'approche de la dernière fiche, plantée en P. Il compte les fiches relevées, en y comprenant la dernière plantée en P (fig. 7); le nombre des

Fig. 7.

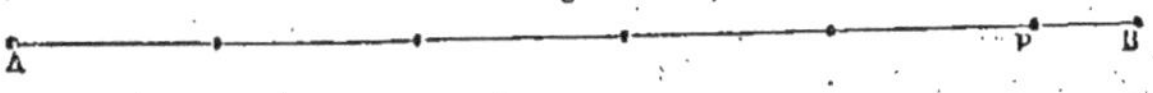

fiches est le nombre de dizaines de mètres que contient la longueur AP. Il lit rapidement sur la chaîne, grâce aux anneaux de cuivre qui séparent les mètres, le nombre de mètres et de doubles décimètres que contient PB; il peut même évaluer cette longueur à un décimètre près. Mais s'il a besoin d'une plus grande approximation, il mesure avec un mètre de poche la portion de cette longueur qui excède un nombre exact de mètres et de doubles décimètres. Ajoutant la longueur PB à la longueur AP, il obtient la longueur AB.

Fig. 8.

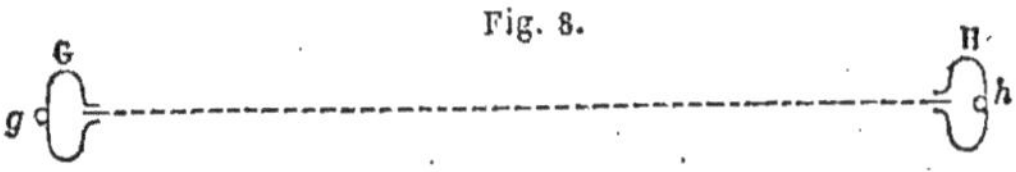

La figure 8 représente les deux extrémités de la chaîne au

moment où elle est tendue et où l'aide enfonce une fiche dans le sol. L'opérateur tient la poignée G et l'appuie extérieurement contre la fiche *g*; l'aide tient la poignée H et enfonce avec la paume de la main la fiche *h*, qu'il a engagée dans la poignée, et qu'il appuie intérieurement contre cette poignée. De cette manière, la longueur portée sur le terrain est bien égale à 10 mètres; car l'épaisseur de la fiche s'ajoute d'un côté et se retranche de l'autre.

11. Lorsque la droite AB n'est pas horizontale, ce n'est pas cette droite qu'il importe de mesurer, mais sa projection A'B' sur un plan horizontal.

Pour cela, l'opérateur tenant la main fortement appuyée sur le sol au point A (fig. 9), l'aide tend la chaîne horizontalement suivant AC'', dans la direction AB. Lorsque la hauteur du point C'' au-dessus du sol ne dépasse pas la longueur d'une fiche, l'aide plante la fiche au point C, en la tenant bien verticale et l'appuyant intérieurement contre la poignée de la chaîne, comme à l'ordinaire. L'opérateur se transporte ensuite en C, et appuie la poignée de la chaîne contre la fiche plantée en C; l'aide tend de nouveau la chaîne horizontalement suivant CD'' et plante une fiche au point D, et ainsi de suite. De cette manière, ce ne sont pas les longueurs obliques AC, CD,..., qui ont 10 mètres, mais les horizontales AC'', CD'',..., ou les projections A'C', C'D',... sur l'horizon, et la distance mesurée n'est pas AB, mais sa projection horizontale A'B'.

Fig. 9.

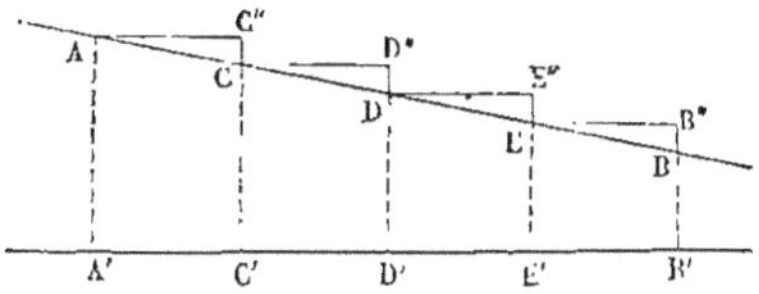

Lorsque la pente est plus rapide et que la hauteur C''C surpasse la longueur d'une fiche, on se sert d'une fiche plus grosse que les fiches ordinaires, et renflée ou plombée à sa partie inférieure (fig. 10); l'aide, appuyant la tête de cette fiche contre le bord interne de la poignée, laisse tomber la fiche qui s'enfonce dans le sol

Fig. 10.

au point C, il enlève ensuite la fiche plombée et la remplace par une fiche ordinaire.

Lorsque la pente est très-rapide, on ne peut pas tendre à la fois toute la chaîne; on en tend la moitié, ou même seulement quelques mètres.

12. Au lieu de la chaîne articulée que nous venons de décrire, on emploie depuis quelque temps un ruban d'acier continu de 10 mètres de long, sur lequel les mètres sont indiqués par des boutons en cuivre, les doubles décimètres par des boutons plus petits, et les décimètres eux-mêmes par de petits trous; le milieu de la chaîne est marqué par un bouton carré. Le ruban est terminé à ses extrémités par des poignées en cuivre (fig. 11); sur le bord de chacune des poignées est pratiquée une échancrure, destinée à recevoir la fiche; cette échancrure ayant une profondeur égale au rayon de la fiche, on n'a pas à tenir compte de l'épaisseur de cette fiche. Pour transporter le ruban d'acier d'un lieu à un autre, on l'enroule sur un disque en bois semblable à une poulie.

Fig. 11.

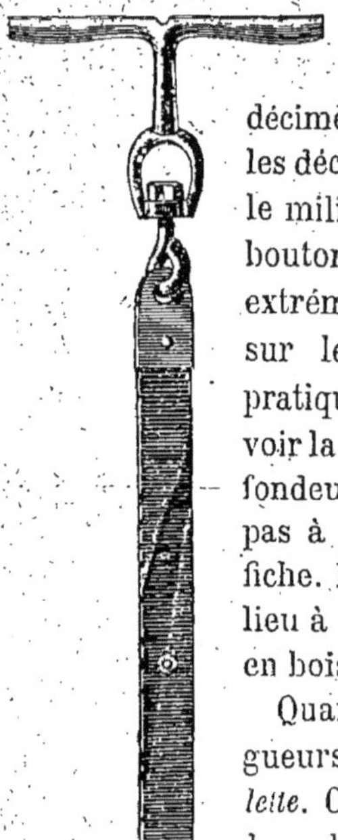

Quand il s'agit de mesurer de petites longueurs, il est commode de se servir de la *roulette*. C'est une petite boîte cylindrique dans laquelle est enroulé autour d'un axe un ruban de fil imperméable, de 5 ou 10 mètres de long, divisé en mètres, décimètres et centimètres, le premier centimètre étant en outre divisé en millimètres. Une petite manivelle en cuivre permet de faire rentrer le ruban dans la boîte, en l'enroulant autour de l'axe du cylindre. Un anneau en cuivre, attaché au bout du ruban, empêche d'ailleurs ce dernier de rentrer complétement dans la boîte.

CHAPITRE II.

LEVÉ AU MÈTRE.

Idée de la méthode. — Polygone topographique. — Choix et repèrement des sommets du polygone topographique. — Levé du polygone topographique. — Levé des grandes lignes et des points principaux. — Levé des détails.

Idée de la méthode.

13. Nous pouvons maintenant, avec la chaîne et des jalons pour tout instrument, lever le plan d'un terrain en suivant le procédé déjà indiqué (n° 5). Après avoir tracé et mesuré une base MN (fig. 12), choisie sur le terrain de manière à rendre l'opération aussi facile que possible, on mesurera les distances des points remarquables du terrain aux deux points M et N. Si le contour du terrain est formé par des lignes droites et des lignes courbes, on déterminera, comme points remarquables, les extrémités de toutes les portions de droites, et, sur chaque arc de courbe, un nombre suffisant de points pour que la ligne polygonale qui joint ces points puisse être substituée à l'arc de courbe.

Fig. 12.

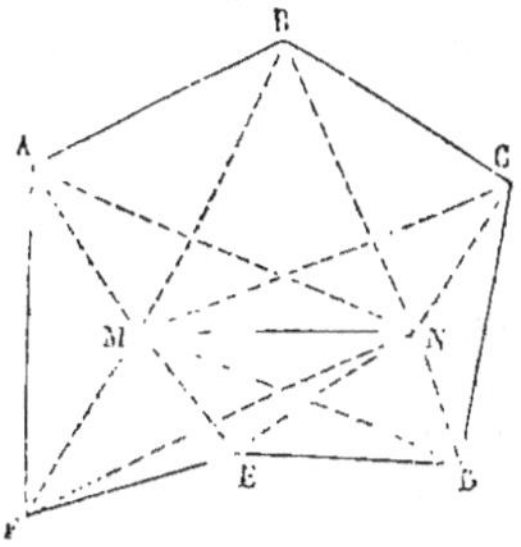

14. Pour qu'un point A soit bien déterminé par ses distances à deux points M et N, il faut que l'angle MAN ne soit ni trop petit ni trop voisin de 180 degrés. On comprend, en effet, que, dans ce cas, si des deux points M et N comme centres, avec les distances mesurées pour rayons, on décrivait deux cercles, ces deux cercles se coupant sous un angle très-petit, différeraient très-peu l'un de l'autre dans le voisinage du point d'intersection, et ce point serait mal déterminé.

Si l'on réfléchit que le terrain est souvent recouvert de murs, bâtiments, palissades, buttes ou fossés, qui arrêtent la vue ou empêchent de mesurer les distances, on comprendra qu'il est rarement possible de déterminer tous les points remarquables du terrain par leurs distances à deux mêmes points M et N. Dans ce cas, on relèvera tous les points remarquables en les rapportant, non plus aux deux extrémités d'une même droite, mais aux différents sommets d'un polygone, comme nous allons l'expliquer.

Polygone topographique.

15. Pour arriver facilement à la détermination de tous les points remarquables du terrain, on forme ordinairement, soit avec des points remarquables du sol, soit avec des points choisis arbitrairement, un polygone appelé *polygone topographique*, dont le périmètre suit intérieurement ou extérieurement la forme générale du contour du terrain. On lève, avec le plus grand soin, le plan de ce polygone, et on détermine ensuite tous les points remarquables par leurs distances, soit à deux sommets du polygone, soit à deux points de son périmètre connus par leurs distances aux sommets voisins, soit encore à deux points pris sur une *traverse*, c'est-à-dire sur une droite qui joint deux points connus du périmètre du polygone.

Choix et repèrement des sommets du polygone topographique.

16. Les sommets du polygone sont choisis de manière que tous les côtés du polygone puissent être mesurés facilement, ce qui exige que tous les côtés du polygone puissent être parcourus par l'opérateur, et que de chaque sommet on voie nettement le sommet qui précède et le sommet qui suit. — En chaque sommet on place un jalon, et comme l'opération peut exiger plusieurs séances, à côté de chaque jalon on enfonce un petit piquet de 3 à 4 décimètres; ces piquets restant dans le sol jusqu'à ce que l'opération soit complétement terminée, permettent, au commencement de chaque séance, de replacer les jalons aux sommets du polygone. Mais ces petits piquets eux-mêmes peuvent être enlevés fortuitement, ou cachés par les herbes, par les pierres, et souvent il serait difficile de retrouver la place des sommets du polygone, si on n'avait eu le soin de les *repérer*, c'est-à-dire de déterminer géométriquement la position de chacun d'eux par rapport à des points fixes du sol. On repère un sommet, tantôt en mesurant ses distances à deux points fixes, tels que deux arbres, un angle de mur et un poteau, deux points marqués par des signes quelconques sur un mur; tantôt en mesurant la distance à un point fixe dans une direction déterminée, par exemple sa distance à un arbre comptée sur la ligne qui va de cet arbre à un autre arbre ou à un poteau, un paratonnerre, une cheminée de machine à vapeur, etc., ou encore, sa distance à un coin de mur comptée sur le prolongement de la trace du mur sur le sol, etc. Dans chaque cas, on fera à la main, sur un carnet, un petit dessin, ou croquis, sur lequel on inscrira les résultats des mesures qui déterminent la position des sommets.

Levé du polygone topographique.

17. Le polygone topographique une fois tracé sur le terrain, et les sommets repérés, comment lever le plan de ce polygone, c'est-à-dire comment déterminer géométriquement la projection de ce polygone sur un plan horizontal?

Supposons d'abord le polygone plan et horizontal.

On mesure tous les côtés du polygone, et on détermine tous les angles par des triangles dont on mesure les trois côtés. Pour déterminer l'angle A (fig. 13), on prend, à partir du point A, sur AB et sur AF, des longueurs connues AA', AA'', et on mesure A'A''; le triangle AA'A'' étant connu, l'angle A est déterminé. On fait de même pour tous les angles du polygone. Tous les côtés et tous les angles du polygone étant connus, le polygone est complétement déterminé. Il y a même trois données superflues, un côté et deux angles; car, si l'on construit le côté AB, l'angle B, le côté BC, l'angle C,

Fig. 13.

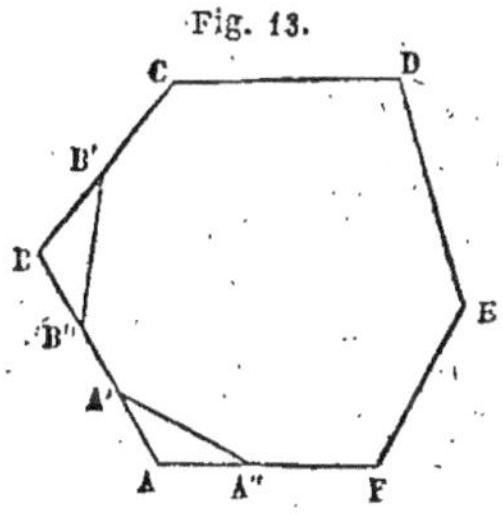

et ainsi de suite jusqu'au dernier sommet F, et si l'on joint AF le polygone se trouvera construit, et l'on n'aura eu besoin ni du côté FA, ni des angles F et A. Mais la connaissance de ces trois données offre trois vérifications. Quand on trace sur le papier un polygone semblable à ce polygone, avec un rapport de similitude donné, il est clair que ce polygone semblable peut aussi être construit sans le secours du côté FA et des angles F et A, et que la connaissance de ces trois données offre trois vérifications. Cette remarque est très-importante ; tous les points remarquables du terrain devant être déterminés à l'aide du polygone topographique, il importe essentiellement que ce polygone soit exactement déterminé. Aussi devra-t-on, avant de faire aucune autre opération sur le terrain, vérifier par une construction graphique l'exactitude du levé du polygone. Nous verrons d'ailleurs bientôt comment on fait cette construction graphique.

Si, et c'est le cas ordinaire, tous les sommets du polygone topographique ne sont pas dans un même plan horizontal, ce n'est pas le polygone ABCD.... qu'il faut déterminer géométriquement, mais sa projection sur un plan horizontal ; au lieu des côtés et des angles du polygone, ce sont donc les projections de ces côtés et de ces angles qu'il faut déterminer. On mesure les projections des côtés comme nous l'avons expliqué. Quant aux angles, il est clair qu'ils seront aussi réduits à l'horizon, si l'on mesure la projection des côtés des triangles qui les déterminent.

Levé des grandes lignes et des points principaux.

13. Le levé du polygone topographique achevé et vérifié par une construction graphique, on déterminera d'abord les grandes lignes, c'est-à-dire les lignes qui forment le contour du terrain, les traces des murs et des bâtiments sur le sol, puis les points isolés les plus importants, et enfin les détails, tels que les allées de jardins, les rangées d'arbres, etc.

Nous prendrons comme exemple le plan de l'École normale

supérieure (fig. 1, pl. I) levé par les élèves en 1852, sous l'habile direction de M. Bardin [1].

Après avoir choisi les sommets (1), (2), (3), (4).... d'un polygone topographique, les avoir repérés, et avoir levé et vérifié le plan de ce polygone, ainsi qu'il a été suffisamment expliqué, on détermine le contour polygonal ABC.... qui limite le terrain.

Le côté AB est déterminé par les deux points A et B, A par ses distances aux sommets (9) et (10), B par ses distances aux sommets (1) et (2). Mais le fossé qui longe le mur AB rendant très-difficile la mesure des distances dont nous avons parlé, on déterminera, comme vérification, un troisième point de la droite AB, par exemple le point *a*, par sa distance au sommet (12) comptée sur le côté du polygone (11.12) prolongé. Le point C est déterminé, avec vérification, par ses distances au sommet (2), et à deux points pris sur les côtés (2.1) et (2.3), à 5 mètres du sommet (2). De même pour le point D. Le point E est déterminé, avec vérification, par ses distances aux sommets (4) et (5), et à un point pris à 10 mètres du sommet (4) sur le côté (4.5).

Un second point *e* du côté EF, suffisamment éloigné de E, s'obtient très-facilement en prolongeant le côté (7.6) jusqu'à sa rencontre en *e* avec EF, et en mesurant la distance du sommet (6) au point *e*. Le point F est déterminé par la distance *e*F. Comme vérification, on peut mesurer la distance du point F au sommet (6).

Un second point *f* du côté FG s'obtient à l'aide de la traverse *fmn* qui va couper les côtés (6.7) et (6.5) en des points *m* et *n*, dont on mesure les distances au sommet (6). Ces distances font connaître la droite *mn*. En mesurant encore la distance *mf*, on détermine le point *f*. Le point G est déterminé par ses distances au sommet (8) et au point *g* où la ligne GH prolongée coupe le côté (7.8), ce point *g* étant lui-même déter-

1. Depuis 1852, la disposition extérieure de l'École normale a été assez notablement modifiée.

miné par sa distance au sommet (7). Comme vérification, les trois points F, f, G sont en ligne droite. Le point H est déterminé par ses distances au point G et au sommet (8), le point K par ses distances au point H et au sommet (8), et, pour vérification, par sa distance à un point pris sur le côté (8.7) à une distance connue du sommet (8); enfin le point L est déterminé par ses distances au sommet (9) et à un point pris à une distance connue du sommet (9) sur le côté (9.8).

Le lecteur trouvera facilement les mesures à effectuer pour déterminer géométriquement le contour des bâtiments.

19. Quant au contour intérieur MNPQ (si on n'admet pas que la figure est un carré), on peut, pour le déterminer, planter en I, sur le côté (2.3) du polygone, un jalon visible d'un point Q de la cour intérieure (quand les deux portes sont ouvertes), mettre un jalon en O, déterminer l'angle OI (2) par un petit triangle, et le point O par la distance IO, le point K par la distance OK, les points M et N par leurs distances aux points O et K, les points R et S par leurs distances au point O, comptées, l'une sur le prolongement de NO, l'autre sur le prolongement de MO, enfin les points P et Q, situés sur NS et MR, par leurs distances au point S ou au point R.

Outre les projections des murs des bâtiments sur le sol, on peut encore déterminer les projections des arêtes saillantes des toitures. Soient ABCD (fig. 14) un bâtiment, MN, AM, BM, DN, CN les arêtes saillantes du toit; pour déterminer leurs projections horizontales, connaissant déjà les projections des points A, B, C, D, il suffit de déterminer les projections des points M et N. Pour le point M, par exemple, l'opérateur se met en un point P du sol rattaché au polygone et tient à la main un fil à plomb; un aide, tenant un jalon, marche le long du mur AB, et, obéissant aux indications de l'opérateur, place ce jalon en p, de manière qu'il soit dans le plan vertical déterminé par le fil à plomb de l'opérateur et le

Fig. 14.

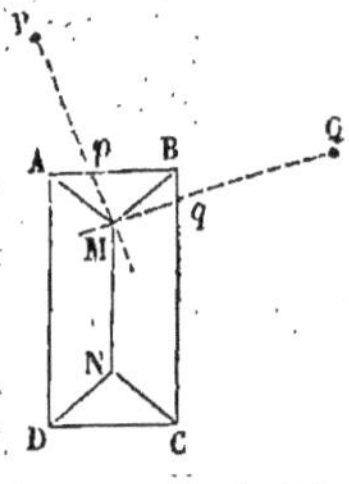

point M. Ce point p est déterminé par sa distance au point A ou au point B. On connaît ainsi une droite Pp sur laquelle se trouve la projection du point M. En opérant de même du point Q, l'opérateur détermine une seconde droite Qq qui contient aussi la projection du point M; ce point est ainsi déterminé par l'intersection des deux droites Pp et Qq. On détermine la projection horizontale du point N de la même manière, et, par suite, les projections de toutes les arêtes saillantes du toit.

Levé des détails.

20. Enfin, pour lever les détails qui n'ont pas besoin d'être déterminés avec une très-grande précision, l'opérateur emploiera avantageusement la méthode des perpendiculaires, sans toutefois avoir recours à d'autres instruments que la chaîne et la roulette.

S'agit-il, par exemple, de la ligne courbe ADG (fig. 15), qui limite une plate-bande, on détermine, par rapport au polygone topographique, une droite MN voisine de cette courbe et la position d'un point O de cette ligne. A partir du point O, on tend la chaîne sur la droite MN, et avec la roulette on abaisse à vue d'œil des perpendiculaires sur la droite MN de différents points A, B, C, D, E, F, G de la courbe que l'on veut déterminer. On lit sur la roulette la longueur de chacune de ces perpendiculaires, et sur la chaîne tendue la distance du pied de chaque perpendiculaire au point O. Lorsque cette dernière distance surpasse 10 mètres, on tend une seconde, une troisième fois la chaîne, en plaçant une des poignées à 10, 20 mètres du point O, et on compte toujours les distances des pieds des perpendiculaires au même point O. Tout en prenant ces mesures, on les inscrit en traçant sur un carnet un croquis, comme l'indique la figure précédente.

Fig. 15.

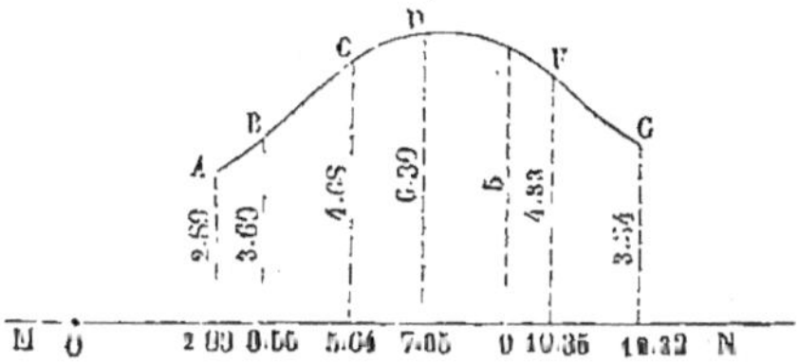

CHAPITRE III.

LEVÉ AU GRAPHOMÈTRE.

Description du graphomètre. — Usage du graphomètre. — Vernier. — Vérification du graphomètre. — Levé au graphomètre. — Orientation du plan. — Méthode des intersections.

Description du graphomètre.

21. A la rigueur, le procédé que nous venons d'exposer suffit, dans la plupart des cas, pour lever le plan d'un terrain; mais, avec ce procédé, tout angle est déterminé par un triangle, tout triangle par ses trois côtés. Or, la mesure de chaque côté exige deux opérateurs; toujours longue et délicate parce qu'il est difficile de mesurer bien horizontalement, elle peut encore, dans certains cas, être rendue tout à fait impraticable par les accidents du terrain. Un instrument avec lequel on pourrait mesurer les angles réduits à l'horizon et, par suite, déterminer un triangle en mesurant un seul côté et deux angles, permettrait donc d'abréger et de rendre plus exactes les mesures à effectuer pour lever le plan d'un terrain. Cet instrument est le graphomètre (fig. 16).

Le *graphomètre* se compose d'un limbe ou demi-cercle gradué en cuivre, portant deux alidades à pinnules avec lesquelles on peut viser dans deux directions (fig. 16 *bis*). Une des alidades AB est fixe et fait corps avec le limbe ; l'autre CD, mobile autour d'un axe perpendiculaire au plan du limbe, peut glisser sur ce plan. Ce limbe est fixé à une tige *f*, située dans le prolongement de l'axe précédent et terminée par une petite sphère *g* de deux à trois centimètres de diamètre.

Cette sphère s'engage entre deux coquilles *h*, *h*, que l'on peut à volonté écarter ou rapprocher, à l'aide d'une vis *r*, de manière à permettre ou à empêcher tout mouvement de la sphère entre ces coquilles, et par suite tout changement dans la direction du plan du limbe. Ces coquilles elles-mêmes se réunissent à la partie inférieure en une tige qui se termine par une douille ou cylindre creux k[1].

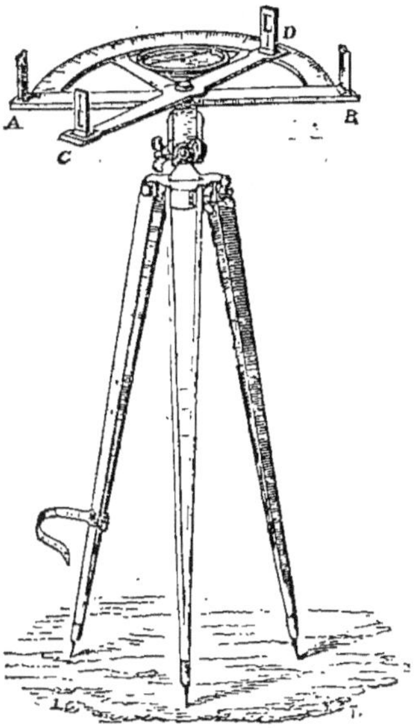

Fig. 16.

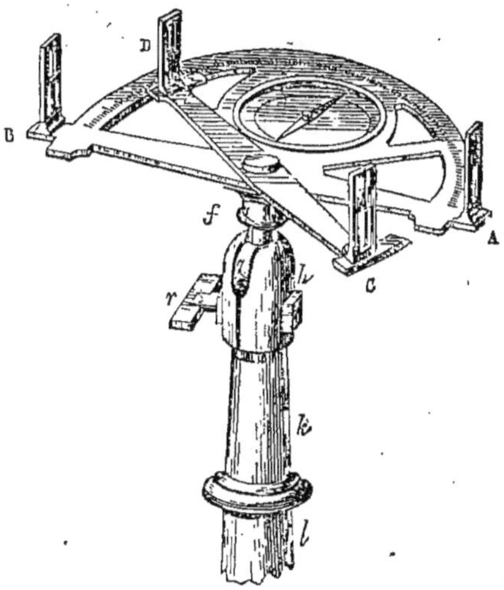

Fig. 16 *bis*.

Dans cette douille, on emmanche la tige l d'un pied à trois branches qui porte l'instrument. Les branches, à leur extrémité supérieure, sont attachées à la tige du trépied par des vis qui permettent de les écarter plus ou moins de cette tige et de les y fixer. A l'extrémité inférieure, elles sont garnies de pointes en fer qui, s'enfonçant dans le sol, donnent de la stabilité à l'appareil.

Le limbe est divisé en degrés et demi-degrés; comme le rapporteur, il porte deux graduations de $0°$ à $180°$ dirigées en sens contraire.

Chaque alidade est une règle portant deux pinnules, c'est-à-

1. Dans quelques graphomètres, le genou à coquilles est remplacé par un genou à charnières. Le graphomètre représenté par la figure 16 est porté par une articulation semblable.

dire deux plaques de cuivre parallèles entre elles, implantées perpendiculairement sur la face supérieure de l'alidade et percées chacune d'une fente étroite ou *œilleton*, et d'une fente plus large ou *croisée*, au travers de laquelle est tendu un fil noir ou un crin dans le prolongement de la fente étroite. Les œilletons et les croisées des deux pinnules d'une même alidade sont disposés inversement; l'œilleton de l'une correspond à la croisée de l'autre. Le plan des fils des pinnules de l'alidade fixe passe par la ligne 0°-180°. Le plan des fils des pinnules de l'alidade mobile passe par une droite déterminée par deux traits marqués sur les bords extrêmes de cette alidade; ces bords, taillés en biseau, longent intérieurement le cercle divisé, de manière qu'il est facile de distinguer la division du cercle qui se trouve en face de l'un des traits.

Usage du graphomètre.

22 Soit à mesurer l'angle des droites jalonnées OA, OB (fig. 17), supposées horizontales. L'opérateur, après avoir enlevé le jalon O, dispose les trois branches du graphomètre autour du point O, de manière que le centre du limbe soit sensiblement sur la verticale qui passe par le point O. Il s'assure que cette condition est remplie en laissant tomber de l'extrémité inférieure de la tige *l* une petite pierre sur le sol; cette pierre doit tomber dans le trou où était planté le jalon O. Cette condition à peu près remplie, il donne de la stabilité à l'appareil en enfonçant les trois branches dans le sol, et en les fixant à la tige *l* au moyen de vis de pression. Il desserre un peu la vis *r* et fait mouvoir la sphère *g* entre les coquilles, jusqu'à ce que le plan du limbe lui paraisse bien ho-

Fig. 17.

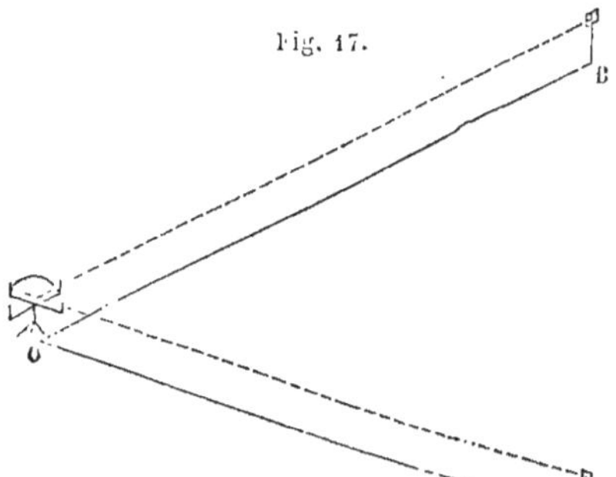

rizontal; en même temps, il fait tourner le limbe, tout en le laissant horizontal, pour diriger l'alidade fixe suivant la droite OA. Pour cela, après avoir donné rapidement à l'alidade à peu près la direction voulue, il applique un œil contre l'œilleton de l'une des pinnules de l'alidade fixe, et fait tourner doucement le limbe jusqu'à ce qu'il voie le fil de la pinnule opposée se projeter exactement sur le jalon A. Alors la ligne 0°-180° du limbe est parallèle à la droite OA tracée sur le sol. Cela fait, il serre fortement la vis r; la sphère ne pouvant plus se mouvoir entre les coquilles, le plan du limbe est fixe. L'opérateur fait ensuite tourner l'alidade mobile autour du centre pour la diriger suivant la droite OB. Pour cela, après l'avoir amenée à peu près dans cette direction, il applique un œil contre l'œilleton d'une des pinnules de cette alidade et la fait tourner jusqu'à ce qu'il voie le fil de la pinnule opposée se projeter exactement sur le jalon B; cette seconde condition remplie, la droite déterminée par les deux traits marqués sur l'alidade mobile est parallèle à la droite OB du terrain. L'angle formé par la droite 0°-180° du limbe, et par la ligne de l'alidade mobile, est donc l'angle demandé AOB; la valeur de cet angle est indiquée à un demi-degré près par la division du limbe en face de laquelle se trouve le trait marqué sur l'alidade. La lecture de l'angle se fait sur la graduation dont le zéro se trouve dans la direction OA.

23. Si l'angle AOB n'est pas dans un plan horizontal, on mesurera non pas l'angle lui-même, mais l'angle réduit à l'horizon, c'est-à-dire l'angle formé par les projections des deux droites OA et OB sur un plan horizontal. Après avoir placé le graphomètre au sommet O de l'angle comme précédemment, et disposé le limbe horizontalement, on visera le jalon A avec l'alidade fixe, puis le jalon B avec l'alidade mobile. Alors les lignes des deux alidades seront les projections sur le plan du limbe des deux droites OA et OB, et on lira sur le limbe l'angle réduit à l'horizon.

24. Dans ce qui précède, nous avons supposé que les jalons

A et B sont plantés bien verticalement; comme cette condition n'est pas toujours rigoureusement remplie, l'opérateur aura soin de diriger chaque alidade de manière que la ligne de visée passe par le pied du jalon.

Après avoir amené l'alidade fixe dans la direction OA et serré la vis pour fixer le plan du limbe, quand on fait tourner ensuite l'alidade mobile, il faut avoir bien soin d'éviter les mouvements brusques qui pourraient déranger le plan du limbe. Au reste, si l'on a quelque crainte à cet égard, il est facile de jeter un coup d'œil à travers l'alidade fixe pour s'assurer qu'il n'y a pas eu de dérangement.

Quand nous avons mis le graphomètre en station, nous avons placé son centre à peu près sur la verticale du point O.

Fig. 18.

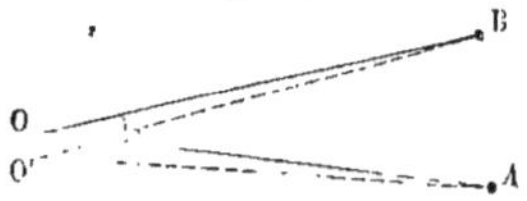

Il n'est pas nécessaire que cette condition soit remplie très-exactement. On comprend en effet que, si le centre est sur la verticale d'un point O' très-voisin du point O, à cause de l'éloignement des points A et B (fig. 18), l'angle AO'B que l'on mesure différera très-peu de l'angle cherché AOB.

Vernier.

25. Lorsqu'on mesure des angles uniquement pour les rapporter ensuite sur le papier, il suffit de les mesurer à un demi-degré près, parce que les rapporteurs dont on fait usage pour les construire ne permettent pas de tenir compte d'une plus grande approximation; mais lorsque, ayant mesuré un côté d'un triangle avec toute la précision possible, on veut se servir des angles du triangle pour calculer les deux autres côtés, il faut mesurer ces angles avec une plus grande approximation. On y parvient en disposant à côté de l'alidade mobile un petit arc de cercle divisé, nommé *vernier*.

Proposons-nous, par exemple, avec un demi-cercle gradué en degrés, de mesurer un angle à un dixième de degré près. L'alidade mobile porte à chaque extrémité une portion de cercle dont le bord extérieur glisse sur le bord intérieur du cercle divisé (fig. 19). A partir du trait marqué sur l'alidade mobile, on a pris sur le bord extérieur de cette portion de cercle un arc de 9 degrés que l'on a partagé en dix parties égales.

Chacune des divisions du vernier valant $\frac{9}{10}$ de degré, la différence qui existe entre une division du cercle et une du vernier est de *un dixième* de degré. Supposons que l'on fasse coïncider le zéro du vernier avec le zéro du cercle, la première division du vernier différera de 0,1 de la première division du cercle; la deuxième division du vernier différera de 0,2 de la deuxième division du cercle, et ainsi de suite jusqu'à la neuvième division du vernier, qui différera de 0,9 de la neuvième division du cercle. La dixième division du vernier coïncidera avec la neuvième du cercle.

Fig. 19.

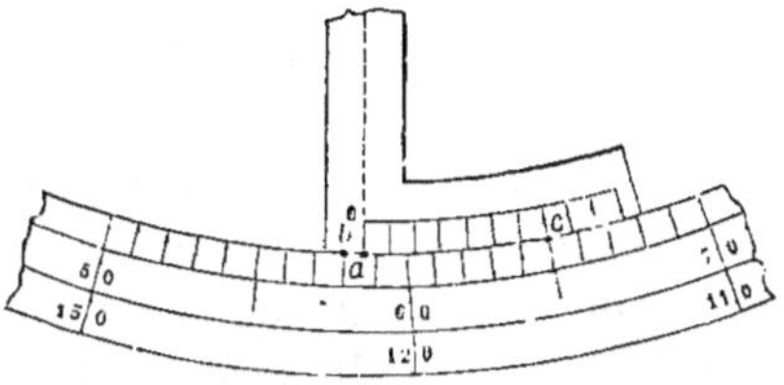

Cela posé, pour mesurer l'angle AOB, on dirige, comme nous l'avons dit, la ligne de visée de l'alidade fixe suivant OA, la ligne de visée de l'alidade mobile suivant OB. Supposons que le trait de l'alidade mobile ou le zéro du vernier tombe au point *a* entre la 58e division du cercle et la 59e, l'angle est de 58 degrés, plus un reste qu'il s'agit d'évaluer. On regarde quelle est la division du vernier qui coïncide exactement avec une division du cercle, ou qui s'en écarte le moins. C'est, par exemple, la septième qui est placée au point *c* sous la division 65 du cercle. Puisque les divisions du vernier diffèrent de 1 dixième de degré de celles du cercle, et que la division 7 du vernier coïncide avec la division 65 du cercle, la division 6 du vernier précède de 0,1 la division 64 du cercle; la division 5 du vernier précède de 0,2 la division 63 du cercle; la division 4 du vernier précède de 0,3 la division 62 du cercle, et ainsi de suite; enfin la division 0 du vernier précède de 0,7 la division 58 du cercle. Ainsi, l'arc *ba* qu'il s'agit d'évaluer est de 0,7 de degré, et l'angle demandé de 58°,7. En d'autres termes, du zéro du vernier à la division 7 qui est en coïncidence, il y a 7 divisions du vernier; mais l'arc *bc* contient 7 divisions du cercle; donc l'arc *ba*, qui est la différence de ces deux arcs, vaut 7 dixièmes de degré. On voit par là que le nombre des dixièmes de degré compris dans le reste est indiqué par la division du vernier qui est en coïncidence[1].

26. Nous avons supposé, pour faciliter l'explication, le limbe du graphomètre divisé en degrés, et nous nous sommes proposé d'évaluer les dixièmes de degré à l'aide du vernier. Mais ordinairement le limbe du graphomètre est divisé en degrés et demi-degrés, et l'on évalue les minutes avec le vernier. Pour cela, on construit le vernier avec 29 divisions du cercle que l'on partage en 30 parties égales; chaque division du vernier vaut les $\frac{29}{30}$ d'une division du cercle, elle en diffère par conséquent de $\frac{1}{30}$ de demi-degré, ou de 1 minute. Le vernier indiquera donc les minutes.

L'alidade mobile du graphomètre porte un vernier ainsi construit à chacune de ses extrémités.

La base de chaque pinnule occupant sur le limbe un arc d'environ 12°, on ne peut mesurer directement, avec cet instrument, ni un angle inférieur à 6°, ni un angle supérieur à 174°, parce qu'alors la ligne de visée de l'alidade mobile rencontrerait les pinnules de l'alidade fixe. On a rarement occasion de mesurer de pareils angles; toutefois on y parviendrait aisément en mesurant deux angles, dont l'angle en question serait la différence ou la somme.

---

1. Si, au lieu de l'angle ACB, on avait à mesurer l'angle supplémentaire, la seconde graduation du limbe indique que cet angle se compose de 121°, plus l'arc compris entre la division 121 du cercle et le 0 du vernier. La division 7 du vernier correspondant à une division du cercle, le 6 du vernier s'écarte de 0°,7 de la division 58 de la première graduation du cercle ou de la division 122 de la deuxième graduation; il s'écarte donc de 0°,3 de la division 121 de cette même graduation, et l'angle est de 121°,3, c'est-à-dire 121 plus un nombre de dixièmes de degré indiqué par le complément à 10 du numéro de la division du vernier, qui correspond à une division du cercle.

Vérification du graphomètre.

27. Les divisions du limbe ne sont jamais rigoureusement égales entre elles. On peut vérifier l'exactitude de l'instrument en mesurant successivement les trois angles d'un triangle; la somme de ces angles devant être égale à 180°, la différence, s'il y en a une, divisée par 3, indique l'erreur moyenne que l'on a pu commettre sur chaque angle. On peut encore, sans changer de place le graphomètre, mesurer les angles consécutifs formés par les rayons visuels menés du centre du graphomètre à différents jalons plantés sur le sol. La somme de ces angles devant être égale à 360°, la différence, s'il y en a une, divisée par le nombre des angles, indique encore l'erreur moyenne que l'on a pu commettre sur chaque angle.

Levé au graphomètre.

28. Après avoir établi le polygone topographique et repéré les sommets comme nous l'avons expliqué, on mesurera avec la chaîne tous les côtés réduits à l'horizon, avec le graphomètre tous les angles réduits à l'horizon, et on inscrira au fur et à mesure les résultats dans un tableau.

Nous rapportons ici comme exemple le polygone topographique de l'École normale (fig. 1, pl. I), tel qu'il a été levé au graphomètre, après avoir été levé une première fois au mètre seul.

Dans la première colonne verticale sont inscrits les numéros des sommets; dans la seconde, en regard du n° 1, la longueur du côté (1.2); en regard du n° 2, la longueur du côté (2.3), et ainsi de suite; enfin, en regard du n° 12, la longueur du côté (12.1); dans la troisième, en regard du numéro de chaque sommet, l'angle de ce sommet.

OLYGONE TOPOGRAPHIQUE DE L'ÉCOLE NORMALE.

SOMMETS	LONGUEUR DES CÔTÉS	ANGLES MESURÉS	ANGLES CORRIGÉS
1	56m,10	111° »	110° 57′
2	58 ,32	149° 50′	149° 46′
3	29 ,00	132° 50′	132° 46′
4	20 ,18	140° 47′	140° 43′
5	70 ,58	161° 34′	161° 30′
6	21 ,18	71° 19′	71° 16′
7	23 ,18	248° 2′	247° 59′
8	44 ,82	138° 55′	138° 52′
9	18 ,25	134° 14′	134° 11′
10	13 ,60	138° 17′	138° 14′
11	24 ,30	218° 7′	218° 4′
12	28 ,50	155° 45′	155° 42′
		1800° 40′	1800° 00′

29. Si le polygone est convexe, les angles inscrits sont les angles mesurés. Mais s'il y a des angles rentrants, au lieu de l'angle rentrant mesuré BCD (fig. 20), on inscrit l'excès de 360° sur cet angle, et par conséquent un angle supérieur à 180°. Cette manière d'écrire les angles rentrants a le double avantage d'indiquer que ce sont des angles rentrants, et de permettre une vérification très-simple de la mesure des angles. On sait en effet que, dans un polygone convexe, la somme des angles est égale à autant de fois deux angles droits qu'il y a de côtés moins deux, et que ce théorème s'applique aussi aux polygones non convexes, si on remplace chaque angle rentrant par l'excès de 360° sur cet angle. (Théorie, livre I.)

Fig. 20.

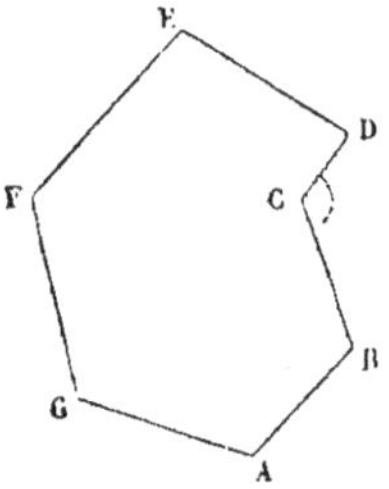

C'est ainsi que, dans le tableau du polygone topographique de l'École normale, les angles rentrants (7) et (11) sont inscrits comme étant supérieurs à 180°. Le polygone ayant douze côtés (fig. 1, pl. I), la somme des angles doit être égale à $180° \times 10 = 1800°$. La somme des douze angles mesurés n'a pas été trouvée rigoureusement égale à 1800°, mais elle n'est fautive que de 40′ par excès; on ne peut guère espérer une plus grande exactitude avec le graphomètre. Seulement il est bon de répartir également cette erreur sur tous les angles mesurés, en retranchant de chacun d'eux le $\frac{1}{12}$ de 40′, ou bien encore, afin de ne pas écrire de fractions de minute, en retranchant 3′ de huit d'entre eux, et 4′ des quatre autres. La quatrième colonne du tableau contient les angles corrigés comme nous venons de le dire.

30. Le polygone levé, on déterminera les grandes lignes et les points remarquables en employant tantôt le mètre seul, tantôt le mètre et le graphomètre, selon qu'on y trouvera plus d'avantage. Par exemple, pour déterminer le coin B des murs extérieurs, au lieu de mesurer les distances du point B aux deux sommets (1) et (2), ce qui est fort long, vu la grandeur de ces distances, on mesurera au graphomètre les angles (2) (1) B, (1) (2) B, et, si l'on veut une vérification, on prendra sur (1.2), à une distance connue de (1), un point *b* et on mesurera l'angle (1) *b*B.

De même pour rattacher, la ligne auxiliaire IO au polygone, on mesurera l'angle OI (2) au graphomètre, au lieu de le déterminer par un triangle. Mais, pour déterminer les quatre faces extérieures du bâtiment, et les points C, D.... des murs extérieurs, il y aura avantage à n'employer que le mètre. Quant aux détails, on les lèvera, comme nous l'avons expliqué, au mètre et à la roulette (n° **20**).

Orientation du plan.

31. Le plan levé comme nous l'avons expliqué, il reste encore à l'orienter, c'est-à-dire à déterminer la position des principales lignes du terrain par rapport aux quatre points cardinaux, ou, ce qui revient au même, à déterminer l'angle de l'une des lignes du terrain, d'un côté du polygone, par exemple, avec la direction nord-sud. On sait qu'une aiguille aimantée, mobile sur un pivot vertical, se place d'elle-même dans une direction faisant un angle à peu près constant avec la direction nord-sud (fig. 21). Cet angle, que l'on nomme la déclinaison de l'aiguille, est actuellement à Paris de 20° 6′ à l'ouest. Il suffit donc, pour orienter un côté du polygone, de déterminer l'angle qu'il forme avec la direction de l'aiguille aimantée.

Fig. 21.

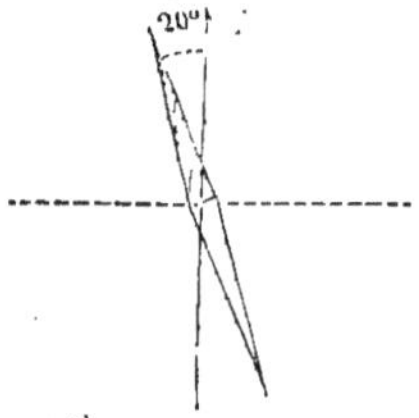

A cet effet, le graphomètre porte ordinairement une petite boussole enfermée dans une boîte cylindrique fixée au limbe, au-dessous du plan du cercle gradué, et fermée par un verre transparent. L'aiguille de cette boussole se meut librement au-dessus d'un cercle dont les quatre quadrants sont divisés en 90°.

Aux extrémités du diamètre de ce cercle parallèle à la ligne de visée de l'alidade fixe, on a marqué 0°, et par suite 90° aux extrémités d'un diamètre perpendiculaire à cette ligne de visée[1].

Si l'aiguille était toujours supportée par le pivot, la pointe du pivot s'émousserait rapidement et l'aiguille perdrait de sa mobilité. On évite cet inconvénient en disposant sous l'aiguille aimantée une petite tige que l'on peut, à l'aide d'une vis fixée au fond de la boussole, élever ou abaisser, de manière à lui faire porter l'aiguille, ou à laisser l'aiguille libre sur le pivot.

32. Pour orienter un côté du polygone, le côté AB (fig. 22) par exemple, on place le graphomètre en A, et on dirige l'alidade fixe de manière que la ligne de visée qu'elle détermine passe par le point B, puis on regarde sur quelle division du cercle gradué s'arrête la pointe nord de l'aiguille aimantée. Supposons qu'elle s'arrête sur la division 25; comme le cercle est partagé en quatre quadrants gradués

Fig. 22.

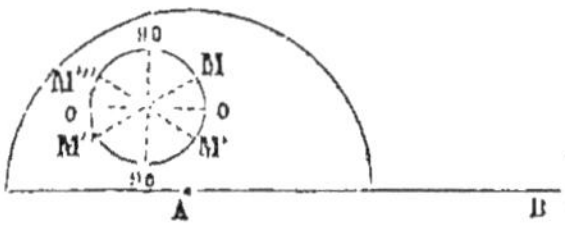

1. Dans certains graphomètres le cercle de la boussole est gradué de 0 à 360°, comme le cercle de la boussole d'arpenteur qui sera décrite plus loin.

de 0° à 90°, quatre cas peuvent se présenter. Le pôle nord peut se trouver en l'un quelconque des quatre points M, M', M'', M'''. Voici comment on détermine, dans chaque cas, l'orientation de la droite AB : quand le pôle nord de l'aiguille est

En M,	la direction AB fait un angle de 25°	à l'est de la direction SN magnétique	
En M',	*idem*	à l'ouest	*idem*
En M'',	la direction BA fait un angle de 25°	à l'est	*idem*
En M'''	*idem*	à l'ouest	*idem*

Méthode des intersections.

33. La meilleure méthode, pour lever avec précision un plan d'une certaine importance, consiste dans la formation d'un polygone topographique embrassant la surface du terrain. On lèvera ce polygone avec beaucoup de soin, en mesurant ses angles avec le graphomètre et ses côtés avec la chaîne. On déterminera ensuite, à l'aide de ce polygone, les points remarquables du terrain, et on lèvera enfin rapidement les détails par des perpendiculaires, comme nous l'avons expliqué (n° **20**).

Lorsqu'on veut rattacher au polygone topographique différents points A, B, C.... (fig. 23), dont les distances sont difficiles à mesurer, ou qui sont séparés par une rivière, on prend comme base d'opération un côté MN du polygone, des deux extrémités duquel on voit nettement ces différents points. Plaçant le graphomètre en M et amenant l'alidade fixe dans la direction MN, on mesure successivement les angles NMA, NMB, NMC,...., sans toucher au graphomètre, en faisant tourner simplement l'alilade mobile. Plaçant ensuite le graphomètre au point N, on mesure de même les angles MNA, MNB, MNC,.... Chacun des points A, B, C,.... est alors déterminé par l'intersection de deux droites.

Fig. 23.

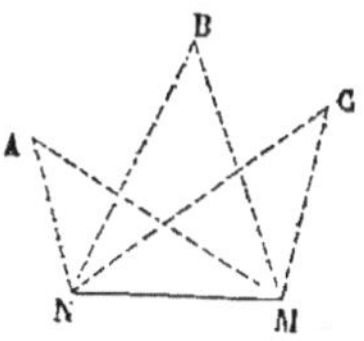

Lorsque le terrain dont on veut lever le plan est divisé en deux par une rivière, on construit un polygone topographique de chaque côté de la rivière; puis on relie entre eux par la méthode des intersections les sommets les plus voisins des deux polygones. Comme cette opération doit être faite avec beaucoup de soin, on détermine chaque point par l'intersection ou le *recoupement* de trois droites, ce qui donne une vérification (fig. 9, pl. II).

34. La figure 2, planche I, représente le plan de l'île supérieure du bois de Boulogne, que nous avons levée en 1856 avec quelques-uns de nos élèves. Comme l'île est très-allongée, nous avons établi deux polygones topographiques, en suivant le chemin qui fait le tour de l'île; le premier a pour sommets les sept points 1, 2, 3, 4, 5, 6, 7; le second les neuf points 4, 8, 9, 10, 11, 12, 13, 14, 5. Ces deux polygones se soudent l'un à l'autre par le côté commun (4.5).

POLYGONES TOPOGRAPHIQUES DE L'ÎLE DU BOIS DE BOULOGNE.

SOMMETS.	CÔTÉS.	ANGLES MESURÉS.	ANGLES CORRIGÉS.
1er polygone.			
1	77m,52	101° 0′	101° 2′
2	55 ,95	146° 52′	146° 54′
3	56 ,50	170° 30′	170° 32′
4	84 ,80	50° 0′	50° 2′
5	64 ,76	163° 10′	163° 12′
6	37 ,90	143° 10′	143° 12′
7	42 ,79	125° 4′	125° 6′
		899° 46′	900° 00′
2e polygone.			
4	39m,32	131° 48′	131° 46′
8	60 ,90	203° 45′	203° 43′
9	32 ,71	154° 20′	154° 18′
10	16 ,28	104° 21′	104° 19′
11	47 ,06	97° 51′	97° 49′
12	56 ,75	189° 34′	189° 32′
13	59 ,92	159° 10′	159° 8′
14	41 ,40	197° 25′	197° 23′
5	»	22° 4′	22° 2′
		1260° 18′	1260° 00′

Après avoir construit ces deux polygones sur la planchette, séance tenante, et avoir reconnu qu'ils ferment bien, ce qui donne une base certaine pour les opérations ultérieures, nous avons levé, de l'île même, les points remarquables du bord opposé de la rivière, par la méthode des intersections, comme l'indique la figure. Cette opération a été faite très-rapidement. Comme nous avions à notre disposition deux instruments propres à mesurer des angles, un élève marchait sur le bord opposé de la rivière avec une mire; deux d'entre nous, ayant placé leurs instruments en deux sommets du polygone, visaient ensemble, au même instant, la mire dans chacune de ses positions; puis l'élève transportait la mire plus loin, et nous déplacions nos instruments, choisissant les sommets les plus favorables. Plusieurs points ont été déterminés par l'intersection de trois droites, ce qui donne une vérification.

Si l'on voulait lever le plan de la partie du bois de Boulogne qui est à l'ouest de la rivière, on se servirait des points les mieux déterminés, tels que *m*, *l*, *k*, *i*, pour rattacher ensemble les polygones topographiques.

Quant aux détails de l'île, on les a levés à la chaîne en les rattachant aux côtés des polygones par des perpendiculaires. La figure 3, planche I, représente le croquis du détail de la pointe de l'île sur laquelle s'élève un kiosque. Cette partie présente quelques difficultés à cause de son escarpement. Les perpendiculaires eussent été difficiles à mesurer. Voici comment nous avons opéré : nous avons d'abord déterminé le point *a* par ses distances aux deux sommets (9) et (10); sur la droite *a* (10), nous avons pris ensuite le point *b*; nous avons planté un jalon au point *c* où la droite *b* (11) rencontre le bord de l'allée qui fait le tour du kiosque, et nous avons déterminé ce point *c* par la distance *bc*, sans mesurer le reste de la droite qui est en pente très-rapide. A l'aide des droites qui vont de chacun des deux points *a* et *c* au sommet (12), il est facile d'achever l'opération.

CHAPITRE IV.

LEVÉ A L'ÉQUERRE.

Description de l'équerre d'arpenteur. — Usage de l'équerre. — Vérification de l'équerre. — Levé à l'équerre. — Équerre-graphomètre.

Description de l'équerre d'arpenteur.

55. Lorsque le terrain dont on veut lever le plan est très-découvert, d'une médiocre étendue, et que l'on tient surtout à lever le plan du contour du terrain, on emploie avec avantage la méthode des perpendiculaires déjà indiquée à propos du levé des détails; mais ici, les perpendiculaires devant être menées avec précision, on fait usage, pour les tracer sur le terrain, d'un instrument particulier nommé *équerre d'arpenteur*. C'est une boîte de cuivre qui a la forme d'un cylindre droit ou d'un prisme droit ayant pour base un octogone régulier, de 8 à 10 centimètres de hauteur sur 5 à 6 centimètres de diamètre (fig. 24 et 24 *bis*).

Fig. 24.

Fig. 24 *bis*.

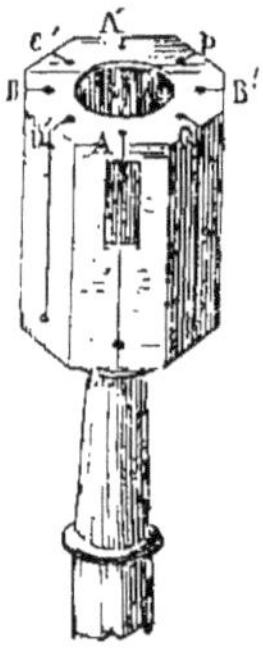

Si la boîte est prismatique, les faces des prismes sont deux à deux parallèles; les deux faces parallèles A et A' (fig. 24 *bis*) sont perpendiculaires aux deux faces parallèles B et B'; de même les deux faces parallèles C et C' sont perpendiculaires aux deux faces parallèles D et D'. Les faces A et A', B et B' constituent des pinnules tout à fait semblables à celles du graphomètre. Chacune de ces faces est percée longitudinalement d'une fente, moitié étroite formant œilleton, moitié large formant croisée, la croisée étant traversée d'un fil ou d'un crin placé dans le prolongement de la fente étroite; l'œilleton d'une face correspond à la croisée de la face opposée. Ces quatre faces sont d'ailleurs disposées de telle sorte que le plan des fils des deux faces opposées soit perpendiculaire au plan des fils des deux autres; la ligne de visée déterminée par les deux faces opposées A et A′ est ainsi perpendiculaire à la ligne de visée déterminée par les deux autres B et B′.

Les quatre autres faces du prisme forment des pinnules plus simples; chacune est percée longitudinalement d'une seule fente étroite surmontée d'une petite ouverture circulaire; le plan des fentes des deux faces opposées est encore perpendiculaire au plan des fentes des deux autres faces, et par suite ces nouvelles pinnules déterminent aussi deux lignes de visée perpendiculaires entre elles.

Si la base est cylindrique, huit fentes semblables sont disposées sur sa surface.

La boîte est vissée sur une douille en cuivre que l'on emmanche sur un grand bâton ferré qui forme le pied de l'instrument et s'enfonce facilement dans le sol. Quand l'équerre ne sert pas, la douille est rentrée et vissée à l'intérieur de la boîte, et l'instrument ainsi réduit à de très-petites dimensions est ordinairement enfermé dans une boîte de carton.

Expliquons maintenant comment on se sert de l'équerre d'arpenteur.

Usage de l'équerre.

Mener une perpendiculaire à une droite MN *par un point* A *de cette droite.*

36. L'opérateur plante le pied de l'équerre verticalement en A (fig. 25), et fait tourner l'équerre jusqu'à ce que, à travers deux pinnules opposées, il voie le jalon planté en M. S'il regarde ensuite en sens contraire à travers les mêmes pinnules, la ligne de visée devra rencontrer le jalon N; sinon le point A n'est pas sur la droite MN. Puis, l'opérateur regarde à travers les deux pinnules, dont la ligne de visée est perpendiculaire à la précédente, et fait planter à un aide un jalon B dans cette direction; la ligne AB est la ligne demandée.

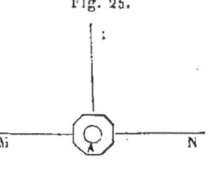

Fig. 25.

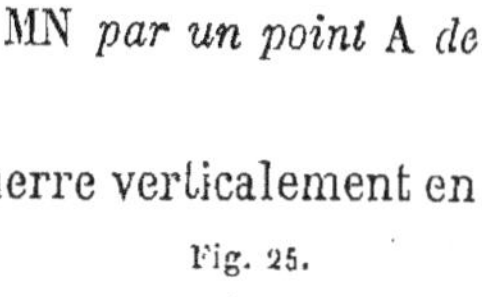

Si l'opérateur fait usage des pinnules sans fil, il regarde d'abord à travers les ouvertures circulaires, afin de découvrir le jalon que l'aide fait mine de planter, puis il le fait déplacer jusqu'à ce qu'il l'aperçoive à travers les fentes étroites de ces pinnules.

Mener une perpendiculaire à une droite MN par un point A pris hors de cette droite.

37. L'opérateur cherche à vue d'œil quel est à peu près le pied de la perpendiculaire; au point O (fig. 26), qu'il pense être le pied de la perpendiculaire, il place l'équerre comme s'il voulait élever une perpendiculaire à la droite MN, et il regarde si la ligne de visée perpendiculaire à MN passe par le point A. Si elle le laisse à droite, l'opérateur déplacera l'équerre, et la portera en un point O', à droite du point O, sur la ligne MN; puis il fera le même essai. Si cette fois la ligne de visée perpendiculaire à MN laisse le point A à gauche, il est certain que le pied B de la perpendiculaire est situé entre les points O et O'. En tâtonnant ainsi, il trouvera des points de plus en plus rapprochés de part et d'autre du point B, et enfin le point B lui-même. Avec un peu d'exercice, on arrive à déterminer le pied d'une perpendiculaire après trois ou quatre essais.

Fig. 26.

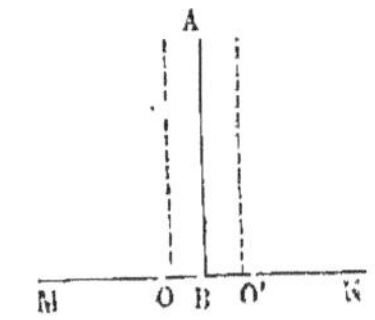

Vérification de l'équerre.

38. Les constructions précédentes ne sont exactes que si les lignes de visée, déterminées par l'équerre, sont bien perpendiculaires entre elles. On peut aisément vérifier si cette condition est remplie. L'équerre étant placée en O (fig. 27), l'opérateur fait planter les jalons M et M' sur la direction de la ligne de visée AA', les jalons P et P' sur la direction de la ligne de visée BB' qui doit être perpendiculaire à la précédente. Il fait ensuite tourner l'équerre d'un quart de tour de B vers A, sans

Fig. 27.

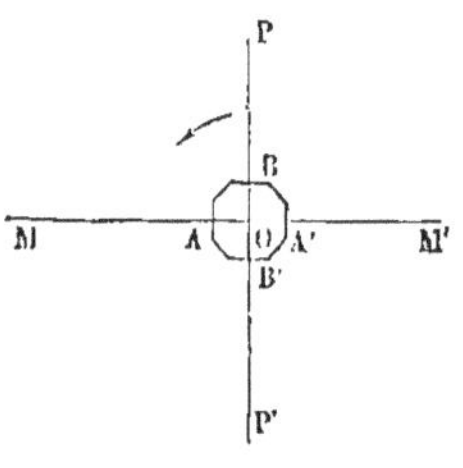

bouger son pied, de manière à amener la ligne de visée BB′ dans la direction MM′; la ligne de visée AA′ doit alors se trouver sur PP′. En effet, si les angles BOA, AOB′ sont droits et par conséquent égaux entre eux, quand OB prend la direction OM, OA doit coïncider avec OP′. Réciproquement, si, OB étant amené dans la direction OM, OA coïncide avec OP′, on en conclut que les angles supplémentaires BOA, AOB′ sont égaux et par suite droits; alors on est sûr que les lignes de visée sont bien perpendiculaires entre elles.

Levé à l'équerre.

39. Nous avons déjà fait connaître (nº 6) le principe sur lequel repose la méthode du levé à l'équerre.

Fig. 28.

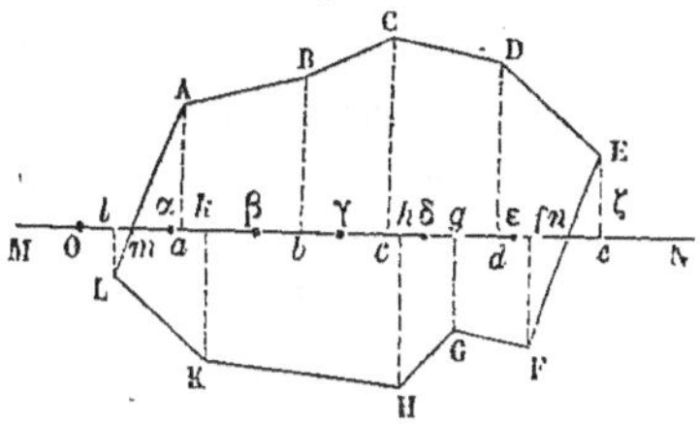

Pour opérer commodément, il est avantageux d'employer deux chaînes d'arpenteur : l'une servant à mesurer les perpendiculaires abaissées des points remarquables du sol sur une base fixe, l'autre à mesurer sur cette base les distances des pieds de ces perpendiculaires à un même point fixe. Soit, par exemple, à lever le plan d'un terrain limité par la ligne polygonale ABCD.... L (fig. 28).

	m		m
$Ol =$	3,1	$Ll =$	6,2
$Om =$	4,8		
$Oa =$	11,5	$Aa =$	10,8
$Ok =$	14,3	$Kk =$	17,5
$Ob =$	25,2	$Bb =$	14,6
$Oc =$	34,6	$Cc =$	18,4
$Oh =$	36,6	$Hh =$	19,4
$Og =$	42,8	$Gg =$	12,6
$Od =$	49,5	$Dd =$	15,9
$Of =$	54,9	$Ff =$	14,3
$On =$	58,1		
$Oe =$	60,0	$Ee =$	5,4

L'opérateur choisit sur le terrain une droite horizontale MN, telle qu'il puisse mesurer les différentes portions de cette droite et les perpendiculaires abaissées des points A, B, C.... sur cette droite. Il la jalonne, et plante le premier jalon en un point O, tel que les pieds de toutes les perpendiculaires abaissées des points A, B, C.... sur MN, soient d'un même côté de ce point. Cela fait, il tend avec l'aide une chaîne sur MN, une des poignées étant appuyée contre le point O ; des fiches enfoncées dans le sol et appuyées intérieurement contre les poignées de la chaîne la maintiennent bien tendue sur le sol. Avec l'équerre, il cherche le pied l de la première perpendiculaire Ll tombant sur la chaîne, lit sur la chaîne tendue Ol = 3^m,1, et mesure avec l'aide, en se servant de la seconde chaîne, lL = 6^m,2. Il fait sur un carnet un croquis représentant à peu près les constructions faites sur le terrain, et inscrit à côté les résultats. Le côté AL du polygone rencontrant la chaîne tendue en m, il lit la distance Om = 4^m,8, et en prend note. Aucune autre perpendiculaire n'ayant son pied sur la première portée de la chaîne Oα, l'opérateur et l'aide enlèvent la chaîne, la tendent une seconde fois sur MN, et la maintiennent tendue sur le sol en enfonçant une fiche appuyée intérieurement contre chaque poignée. L'opérateur cherche encore avec l'équerre le pied a de la perpendiculaire Aa qui tombe sur la chaîne tendue, lit Oa = 11^m,5, mesure avec l'aide, en employant la seconde chaîne, la distance aA = 10^m,8, et inscrit les résultats. Une perpendiculaire Kk a son pied sur cette portée de la chaîne, l'opérateur détermine le point k avec l'équerre, mesure Ok, c'est-à-dire $10^m + \alpha k$, puis mesure kK avec l'aide en employant la seconde chaîne, et inscrit les résultats.

L'opérateur et l'aide continuent ainsi jusqu'à ce qu'ils aient mesuré les distances au même point O de tous les pieds des perpendiculaires abaissées des points A, B, C, ..., sur la droite MN, et les longueurs de ces perpendiculaires. En passant, l'opérateur lit et prend note de la distance On du point n où le côté EF rencontre MN. Ces mesures prises, il est clair que le plan du terrain est parfaitement déterminé ; et si l'opérateur construit sur le papier une figure réduite, semblable à la figure ABC...., la figure une fois construite, les distances Om et On, qu'il a eu soin de noter, lui offriront deux vérifications.

40. Au premier abord, il peut sembler plus naturel de mesurer successivement les distances Ol, la, ak, kb, ..., que de mesurer les distances des points l, a, k, b, ... à un même point O. Mais, outre que la première manière d'opérer est plus expéditive, lorsqu'on procède comme nous l'avons expliqué, elle conduit à des résultats plus exacts. En effet, l'erreur de lecture commise sur chacune des distances Ol, Oa, Ok,.... est à peu près de même grandeur, et la position du dernier point e est déterminée à peu près aussi exactement que celle de chacun des autres. Mais si l'on mesurait séparément les distances la, ak, kb, ..., on commettrait sur chacune de ces distances à peu près la même erreur de lecture, et, comme ces erreurs pourraient s'ajouter, on courrait risque de commettre sur la distance totale une erreur considérable.

Cette méthode, qui n'est autre chose que la méthode indiquée pour le levé des détails, rendue plus exacte par l'emploi de l'équerre, est fort simple en pratique comme en théorie, et donne de très-bons résultats. On l'emploie aussi combinée avec les méthodes précédentes, principalement lorsqu'il s'agit de lever un grand arc de courbe, comme le bord d'une rivière, un chemin sinueux, la base à laquelle on rapporte les points de la courbe étant alors un côté du polygone topographique, ou une traverse reliée à ce polygone.

La figure 4, planche II, représente le plan, levé par cette méthode, d'une prairie située sur le bord d'une petite rivière, et comprise entre la rivière à l'est, une route à l'ouest, un ruisseau au nord, et un chemin d'exploitation traversant la rivière au sud. Cette prairie fait partie d'un domaine sur lequel on a construit un grand polygone topographique dont AB est l'un des côtés. On s'est servi de ce côté comme base pour lever en détail le plan de la prairie. On a mesuré les distances du sommet A aux pieds des perpendiculaires et les longueurs de ces perpendiculaires ; la distance du point A au pied de chaque perpendiculaire a été inscrite comme on le voit sur le croquis, vis-à-vis ce pied, et la longueur de la perpendiculaire sur la perpendiculaire elle-même ; de cette manière on évite toute confusion dans les mesures. La grande sinuosité de la rivière a été levée à l'aide de la perpendiculaire qui pénètre dans cette sinuosité, le ruisseau à l'aide de la traverse AD, et le chemin, qui borne la prairie au sud, à l'aide du côté BC, du polygone topographique. De cette manière le plan de détail de la prairie est exactement levé et en même temps sa position dans le plan d'ensemble parfaitement déterminée.

Équerre-graphomètre.

41. Depuis quelque temps on construit des équerres qui peuvent servir en même temps de graphomètre et de boussole. Cette équerre est un peu plus grosse que l'équerre ordinaire ; elle a la forme cylindrique (fig. 29). Elle se compose de deux cylindres en cuivre de même diamètre placés l'un au-dessus de l'autre ; le cylindre inférieur *aa* est fixe, le cylindre supérieur *bb* mobile autour de son axe. Dans le cylindre supérieur sont pratiquées deux lignes de visée perpendiculaires entre elles ; chacune de ces lignes est formée d'une fente étroite ou œilleton et, à l'opposé, d'une fenêtre dans laquelle est tendu un fil très-fin. Lorsqu'on veut se servir de l'instrument comme d'une équerre ordinaire, par exemple si l'on veut élever une perpendiculaire à une droite donnée en un point donné, on place l'équerre au point donné, on fait tourner le cylindre supérieur *bb* jusqu'à ce que l'une des lignes de visée coïncide avec la droite donnée ; visant ensuite par l'autre fente, on mène la perpendiculaire.

Fig. 29.

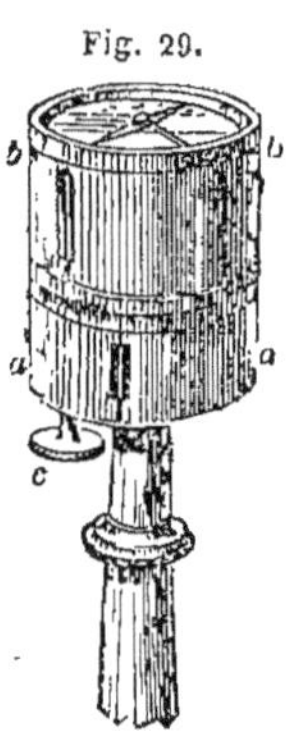

Le cylindre fixe *aa* se termine, à sa partie supérieure, par une couronne argentée, divisée en 360 degrés de 0 à 360. Dans ce cylindre est pratiquée une ligne de visée, dont la fente étroite correspond exactement au 0 de la graduation. Le cylindre mobile *bb* se termine, à sa partie inférieure, par une couronne, sur laquelle on a tracé un vernier dont le 0 correspond exactement à l'une des fentes étroites. Les deux couronnes se touchent, la supérieure tournant sur l'inférieure. Ordinairement la couronne fixe n'est divisée qu'en degrés, et le vernier est formé avec 29 degrés partagés en 30 parties égales ; la différence entre les divisions du vernier et celles du cercle vaut donc 2 minutes, et l'on a ainsi les angles à 2 minutes près. Cependant les 30 divisions du vernier sont numérotées de 0 à 60 par nombres pairs ; la première division est censée affectée du numéro 2, la seconde du numéro 4, et ainsi de suite ; de cette manière, l'angle est immédiatement exprimé en degrés et minutes. L'instrument est porté par un pied à trois branches, comme le graphomètre.

Quand on veut mesurer un angle, on place l'instrument au sommet de l'angle, dirigeant la ligne de visée du cylindre fixe *aa* suivant un des côtés de l'angle ; puis on fait tourner le cylindre mobile *bb* jusqu'à ce que la ligne de visée, qui correspond au zéro du vernier, prenne la direction de l'autre côté, et on lit l'angle.

Afin d'imprimer un mouvement doux au cylindre supérieur qui fait fonction d'alidade mobile, on a disposé à l'intérieur de ce cylindre une roue dentée ; une tige verticale, terminée à sa partie inférieure par un bouton *c*, et fixée au cylindre inférieur, pénètre dans l'intérieur du cylindre ; cette tige porte à sa partie supérieure un pignon qui s'engrène avec la roue dentée ; quand on tourne le bouton *c* avec la main, le cylindre *bb* se meut doucement. Ceci est très-important pour la perfection de la visée.

Enfin le cylindre mobile porte une boussole sur sa face supérieure.

Cet instrument commode, portatif, et peu coûteux, offre le grand avantage de présenter réunis les trois instruments les plus fréquemment employés dans le levé des plans, l'équerre, le graphomètre et la boussole. Il a même sur le premier une supériorité marquée, grâce à la douceur de ses mouvements. Ainsi, quand on veut élever une perpendiculaire à une droite, en tournant le bouton on amène bien exactement sur cette droite, l'une des alidades du cylindre mobile ; l'autre donne la perpendiculaire.

CHAPITRE V.

RAPPORTER UN PLAN SUR LE PAPIER.

Échelles de réduction. — Rapporter un plan sur le papier. — Orientation du plan sur le papier. — Signes conventionnels. — Compas de réduction.

Échelles de réduction.

42. Le plan une fois levé, quel que soit le procédé que l'on ait employé, doit être rapporté sur le papier. Ce travail peut être fait dans le cabinet, à l'aide des croquis sur lesquels on a inscrit les mesures effectuées. Mais quand le plan est un peu compliqué, il convient de ne pas attendre, pour en opérer la réduction, que le levé soit terminé. Aussitôt le polygone topographique levé, l'opérateur le rapporte sur le papier, et contrôle l'exactitude de ses opérations sur le terrain par des constructions graphiques. A cet effet, il a parmi ses instruments une table de travail, nommée *planchette*, qui est une planche à dessiner parfaitement dressée, portée, comme le graphomètre, par un genou à coquilles, et un pied à trois branches (fig. 30). Une feuille de papier est tendue sur cette planche; tantôt elle est collée par ses bords sur la planche, tantôt elle est tendue au moyen de deux cylindres fixés à la planchette et pouvant tourner autour de leurs axes.

Fig. 30.

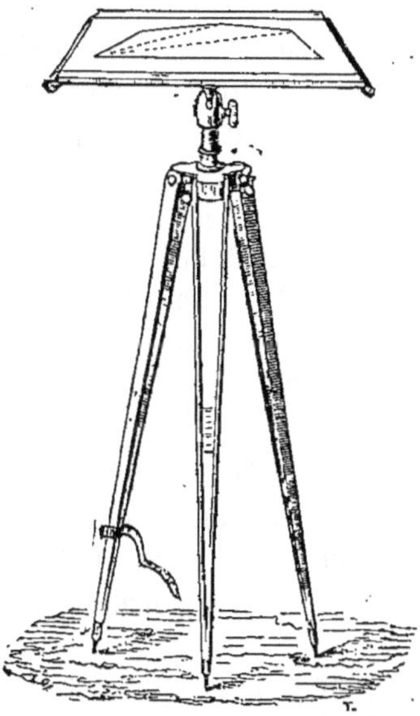

43. D'après l'étendue du terrain et la grandeur du papier sur lequel le plan doit être représenté, l'opérateur fixe le rapport de similitude des deux figures. Ce rapport est appelé l'*échelle* du plan. Pour les propriétés de petite étendue, on prend ordinairement les rapports $\frac{1}{100}$, $\frac{1}{500}$, $\frac{1}{1000}$,...; les levés du cadastre sont construits à l'échelle $\frac{1}{2500}$, la grande carte de France à l'échelle de $\frac{1}{80000}$.

L'échelle choisie, pour trouver la longueur qui, sur le papier, représente une longueur mesurée sur le terrain, on peut se servir d'un double décimètre divisé en centimètres, millimètres et demi-millimètres ; mais il est plus avantageux de construire sur le papier une droite divisée en parties égales représentant chacune une unité de longueur mesurée sur le terrain. Ces droites divisées s'appellent aussi *échelles de réduction*, ou simplement *échelles*.

La plus simple de ces échelles est une droite sur laquelle on a porté, à partir d'un point 0 dans un même sens, des longueurs qui, d'après le rapport de similitude adopté, représentent 10, 20, 30, 40,..., unités de longueur; l'unité est le mètre quand le terrain a une médiocre étendue, le décamètre quand il est très-grand. Dans le sens opposé, on porte une longueur représentant dix unités de longueur et partagée en dix parties égales, le cinquième trait de division étant plus grand que les autres (voyez les échelles qui accompagnent les figures 1 et 2, planche I).

Supposons que l'unité de longueur soit le mètre, et que l'on veuille prendre une longueur de 34 mètres; on placera une pointe du compas sur la division 30, et l'autre sur le quatrième trait de division à gauche du point 0.

44. Sur cette échelle, les dixièmes de l'unité de longueur sont évalués à vue d'œil. Mais on peut aussi construire une échelle dont les divisions principales ne soient pas plus petites que celles de l'échelle précédente, et qui cependant permette de prendre exactement les dixièmes de l'unité de longueur.

Pour la construire, aux différents points de division de l'échelle précédente, menons des perpendiculaires à la droite divisée MN (fig. 31), et prenons sur ces perpendiculaires des longueurs égales.

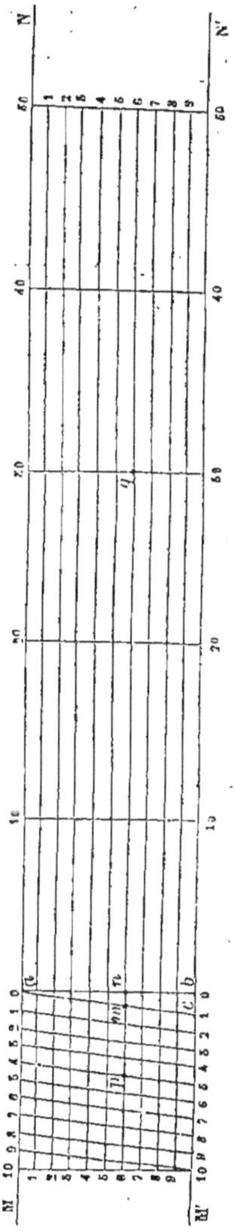

Fig. 31.

Partageons la première et la dernière de ces perpendiculaires en dix parties égales, joignons les points de division par des droites parallèles à la droite MN, et numérotons ces lignes. Enfin, joignons par des transversales, obliques à MN, les points 0 et 1, 1 et 2, 2 et 3,..., 9 et 10 des lignes MN et M'N'. Il est aisé de voir que les parties des lignes longitudinales, comprises entre les lignes transversales *ab* et *ac*, sont respectivement égales à 1, 2, 3 ..., dixièmes d'unité. Par exemple la partie *mn* vaut 6 dixièmes; car, dans le triangle *abc*, la droite *mn* étant parallèle à *bc*, on a

$$\frac{mn}{bc}=\frac{an}{ab}=\frac{6}{10};$$

donc *mn* est les $\frac{6}{10}$ de la longueur *bc*, qui représente l'unité de longueur.

Cela posé, pour prendre sur l'échelle une longueur de 34 unités et 6 dixièmes, on met une pointe de compas sur 30, on fait glisser cette pointe sur la perpendiculaire 30 — 30, jusqu'à ce qu'elle arrive sur la ligne 6 — 6 parallèle à MN, au point *q*, on ouvre le compas de manière que l'autre pointe tombe au point de croisement de cette dernière ligne et de l'oblique 4 — 5 au point *p*; la distance des deux points, c'est-à-dire *pq*, est la longueur demandée. On voit en effet que cette longueur se compose de *nq* qui représente 30 unités, de *pm* qui en représente 4, et enfin de *mn* qui représente 0, 6 ; la droite *pq* vaut donc 34,6.

L'échelle, qui sert à rapporter le plan sur le papier, serait promptement hors de service, par suite des trous qu'y font les pointes de compas, si on n'avait le soin de la construire sur la partie la plus résistante de la feuille, c'est-à-dire sur la partie collée. Le dessin terminé, on dresse dans un coin de la feuille une nouvelle échelle pour servir à l'intelligence du plan, et l'échelle qui a servi à la construction disparaît de la feuille détachée.

Rapporter un plan sur le papier.

45. Supposons maintenant que l'on veuille rapporter sur le papier un plan levé au mètre, plan ayant pour polygone topographique ABCDEF. Le rapport de similitude choisi, l'échelle construite, on prend sur l'échelle, avec un compas, la longueur *ab* qui doit représenter le côté AB du polygone topographiquese; puis, en rappelant la forme générale du terrain, et en s'aidant au besoin du croquis, on place cette longueur sur le papier de manière que la figure tout entière puisse tenir sur la feuille et ne soit rejetée d'aucun côté. On marque les points *a*, *b*. On détermine ensuite la direction du côté *bc* (fig. 32), en construisant le triangle *bb'b''*, dont on connaît les trois côtés. On prend sur l'échelle la longueur qui représente BC et on marque le point *c*. En continuant ainsi, on détermine successivement les points *d*, *e*, *f*. Le point *f* trouvé, au lieu de joindre *fa*, on détermine la direction du côté *fa* en construisant le triangle *ff'f''*, dont on connaît les trois côtés; cette ligne doit passer par le point *a* (1re vérification); la longueur *fa* doit être égale à la longueur qui, d'après l'échelle, représente FA (2e vérification). Enfin, si l'on construit au point *a* le triangle *aa'a''*, le côté *aa''* doit passer par le point *f* (3e vérification). Lorsque le polygone *abcdef* satisfait à ces trois vérifications, on dit que le polygone topo-

Fig. 32.

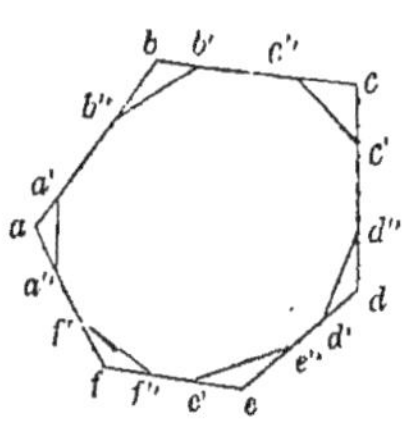

graphique ferme bien, et on le regarde comme parfaitement déterminé. Si, au contraire, le polygone ne satisfait pas à ces conditions, il faut recommencer le levé du polygone, avant d'entreprendre la détermination des points remarquables du terrain.

On construira encore, séance tenante, tous les points remarquables, en s'assurant que chacun d'eux satisfait aux différentes vérifications que l'on s'est ménagées en les déterminant. Quant aux détails, on pourra parfaitement ne pas les construire sur le terrain même, et les réserver pour le travail de cabinet.

46. Si le polygone a été levé au graphomètre, on construit sur le papier, d'abord le côté *ab*, comme nous l'avons dit, on fait ensuite au point *b*, à l'aide d'un rapporteur, un angle égal à l'angle mesuré B (théorie, liv. II); sur la droite *bc*, on porte une longueur proportionnelle au côté BC; au point *c*, on fait un angle égal à l'angle C, et ainsi de suite jusqu'à ce qu'on arrive au sommet *f*, et on s'assure alors que le polygone satisfait aux trois vérifications déjà indiquées. La droite *fa*, tracée au moyen de l'angle F, doit passer par le point *a*, le côté *fa* doit avoir la longueur voulue, et l'angle *a* doit être égal à A.

On abrége un peu la construction des angles en employant pour règle le bord même du rapporteur, lequel est parallèle au diamètre 0° — 180°. S'agit-il, par exemple, de faire avec OA, au point O et au-dessus de cette ligne, un angle de 48°; placez le rapporteur sur le papier, de manière que le centre C (fig. 33) et la division 48° soient sur OA′, faites glisser le rapporteur, cette double condition étant toujours remplie, jusqu'à ce que le bord du rapporteur passe par le point O, et avec un crayon, en suivant ce bord, tirez la ligne OB; l'angle AOB est égal à l'angle A′OB′ ou à 48°.

Fig. 3

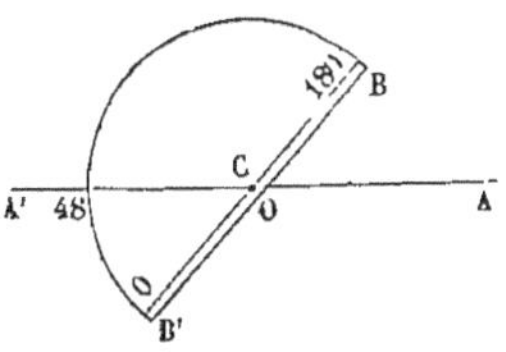

Pour obtenir une exactitude suffisante dans les constructions graphiques, on emploie ordinairement un rapporteur de 2 décimètres de diamètre, dont la circonférence est divisée en degrés et demi-degrés.

On donne souvent à ce rapporteur une forme rectangulaire qui permet de l'introduire dans une petite boîte de compas. La circonférence sur laquelle sont inscrites les graduations est alors remplacée par un cadre rectangulaire.

La forme rectangulaire du rapporteur présente de l'avantage (fig. 34). Si l'on veut faire avec OA au point O un angle de 48°, après avoir placé le rapporteur de manière que son centre C et la division 48 soient sur la ligne OA, on applique une règle contre un des petits côtés, puis on fait glisser le rapporteur en l'appuyant contre la règle, jusqu'à ce que le bord du rapporteur passe par le point O, et l'on trace OB.

Fig. 34.

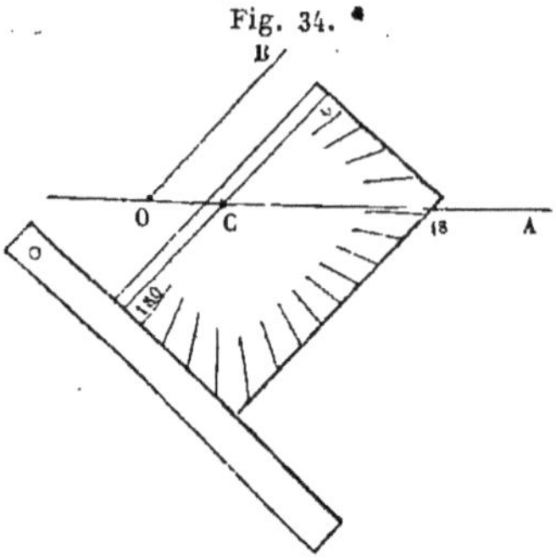

On peut aussi se servir du rapporteur pour élever des perpendiculaires; car la droite qui va du centre à la 90e division est perpendiculaire sur le diamètre.

Si le plan a été levé à l'équerre, on le rapportera facilement à l'aide de la règle, de l'équerre et de l'échelle de réduction (voy. pour l'équerre la théorie, liv. II).

47. Les détails ayant été levés par la méthode des perpendiculaires, lorsqu'on veut, le levé terminé, les rapporter sur le plan, on peut employer la règle et l'équerre; mais on simplifie d'ordinaire ces opérations, qui n'exigent pas une très-grande précision, en se servant d'un double décimètre divisé, nommé règle de *Kutsch*. C'est une petite règle plate à deux bords parallèles, taillés en biseau, et divisés en centimètres et millimètres (quelquefois l'un d'eux est aussi divisé en demi-millimètres). Les traits corres-

Fig. 35.

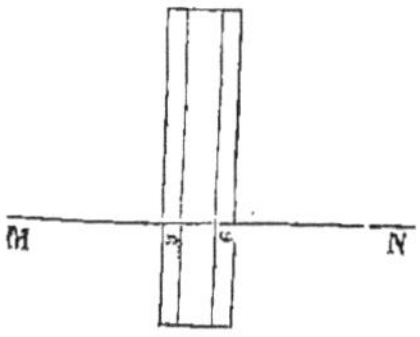

pondants sont sur une même droite perpendiculaire aux deux bords de la règle ; quand la règle est placée de manière que les deux divisions correspondantes soient sur une droite MN (fig. 35), les bords de la règle sont perpendiculaires à MN. Cette règle peut donc remplacer l'équerre dans la construction des perpendiculaires pour les détails.

Orientation du plan sur le papier.

48. Si, en levant le plan, on a orienté une des lignes du terrain, par exemple un côté du polygone, on en profite pour orienter la figure sur le papier, de manière que la direction sud-nord vraie soit parallèle à l'un des bords de la feuille. Pour cela, on marque sur le papier par une flèche la direction choisie pour représenter la direction sud-nord vraie : une droite faisant à l'ouest un angle de 20° 6′ (fig. 36), représente la direction sud-nord magnétique. — On commence la construction du polygone topographique par le côté orienté. Soit AB

Fig. 36.

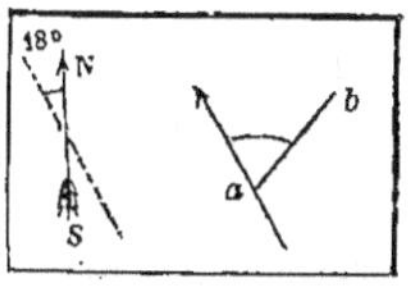

ce côté ; après avoir, à l'aide du croquis, déterminé le point *a*, de manière que le plan orienté puisse tenir dans la feuille, au lieu de prendre arbitrairement la direction *ab* sur le papier, on mène par le point *a* une droite *ab* qui fasse avec le méridien magnétique l'angle mesuré, et l'on continue les constructions comme précédemment.

Le plan de l'île du bois de Boulogne est orienté d'une manière un peu différente ; c'est le méridien magnétique qui est ici parallèle aux bords de la feuille.

Signes conventionnels.

49. Les constructions graphiques se font d'abord au crayon sur le papier ; ensuite on les passe à l'encre. Chaque sommet du polygone topographique est représenté par une petite circonférence dont il occupe le centre ; chaque côté par un trait gros et continu ; les traverses par des traits continus moins gros; les lignes de constructions par des traits pointillés; les traces des murs sur le sol par des traits à l'encre rouge; le bord de l'eau par des traits à l'encre bleue; les toitures en ardoises ou en tuiles par des droites parallèles aux arêtes du toit, tracées à l'encre bleue ou rouge et dont l'écartement diminue de l'arête la plus éclairée à la moins éclairée, en supposant que la lumière tombe sur le toit dans la direction du nord-est au sud-ouest; les palissades par un trait sinueux longeant un trait principal, droit ou courbe, ou bien encore par des carreaux noirs, placés à égale distance les uns des autres sur le trait principal (fig. 37).

Fig. 37.

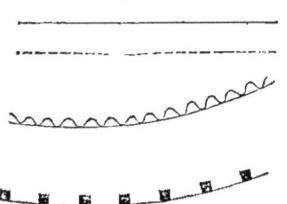

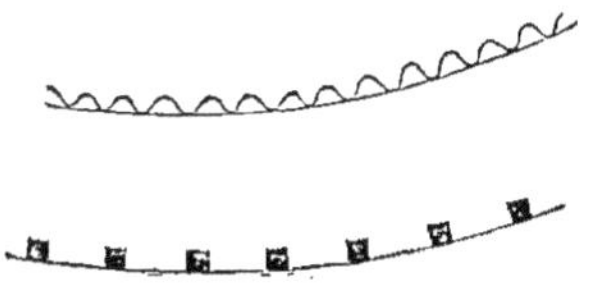

On indique les arbres par des petits ronds tracés à la main.

Les traits qui représentent des lignes nettement déterminées sur le sol, comme les côtés du polygone, les traces des murs, les arêtes des toits, etc., sont tracés au tire-ligne; ceux qui représentent des lignes moins nettement déterminées sur le terrain, comme les bords d'une allée, d'un fossé, etc., sont tracés à main levée.

Compas de réduction.

50. Quand un plan a été construit sur le papier à une certaine échelle, on a quelquefois besoin d'en construire un nouveau à une échelle plus grande ou plus petite. Les méthodes déjà indiquées permettent de résoudre très-facilement ce pro-

Fig. 38.

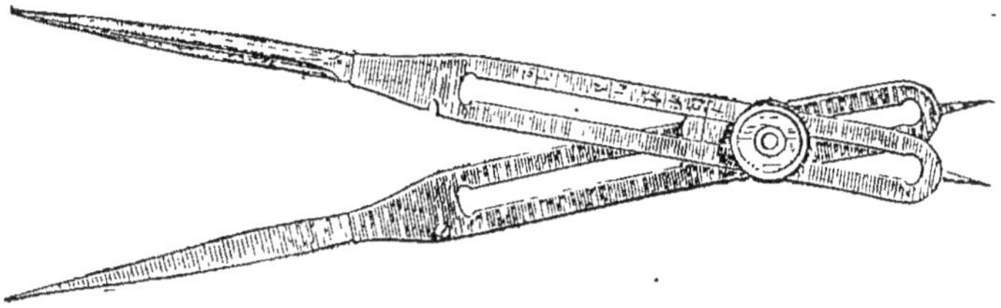

blème; mais on simplifie les opérations graphiques en employant un instrument (fig. 38) avec lequel on trouve immédiatement une longueur deux, trois, quatre, ... fois plus grande ou plus petite qu'une longueur donnée sur le papier : c'est le compas de réduction.

Il se compose de deux branches de cuivre égales, terminées chacune à ses extrémités par des pointes d'acier, et percées longitudinalement d'une fente dans laquelle un boulon peut se déplacer à volonté, ou être fixé à l'aide d'un écrou. Cet instrument forme en quelque sorte deux compas réunis, de manière que les branches de l'un soient dans le prolongement des branches de l'autre. — Des divisions marquées sur l'une des tiges indiquent en quel point il faut amener le trait de repère du boulon pour que les deux branches du compas soient deux, trois, ... fois plus grandes que les branches de l'autre, et par conséquent pour que, sous une ouverture quelconque, la distance des pointes de l'un des compas soit deux, trois, ... fois plus grande que la distance des pointes de l'autre.

Si, par exemple, on veut réduire un plan au tiers, on amène le trait de repère du boulon en face de la division $\frac{1}{3}$.

Pour porter sur le nouveau plan une longueur quelconque du premier, on ouvre le compas en mettant les pointes des grandes branches sur les extrémités de la longueur prise sur le premier plan, et on porte sur le second la distance des pointes des petites branches.

CHAPITRE VI.

LEVÉ A LA BOUSSOLE.

Azimut magnétique. — Description de la boussole d'arpenteur. — Usage de la boussole pour déterminer l'azimut d'une direction. — Levé à la boussole. — Rapporter sur le papier un polygone topographique levé à la boussole. — Rapporteur complémentaire.

Azimut magnétique.

51. On sait qu'une aiguille aimantée, qui repose par son milieu sur un pivot vertical autour duquel elle peut tourner librement, prend une direction qui est sensiblement la même dans une grande étendue de pays. L'une des extrémités de l'aiguille se dirige, non pas précisément vers le nord, mais à 20° 6′ du nord du côté de l'ouest, l'autre extrémité vers le sud, au point opposé. On conçoit que la direction constante de l'aiguille aimantée puisse servir à déterminer une direction quelconque tracée sur le sol.

On appelle *azimut magnétique* d'une droite horizontale l'angle qu'elle fait avec la direction de l'aiguille aimantée. Mais, pour éviter toute ambiguïté, il faut bien s'entendre sur la manière de compter cet angle. Considérons une droite horizontale BB′, et supposons l'observateur placé en un point A (fig. 39) de cette droite; nous distinguerons sur la droite deux directions, la direction AB et la direction opposée AB′. Soient SN la direction de l'aiguille aimantée, N le nord magnétique, S le sud; concevons que par le point A on mène une droite OE perpendiculaire à SN; le point O, situé à gauche quand on regarde le nord, sera l'ouest magnétique, E l'est. Du point A comme centre, avec un rayon arbitraire, décrivons une circonférence qui coupera la droite BB′ aux points b et b', et

Fig. 39.

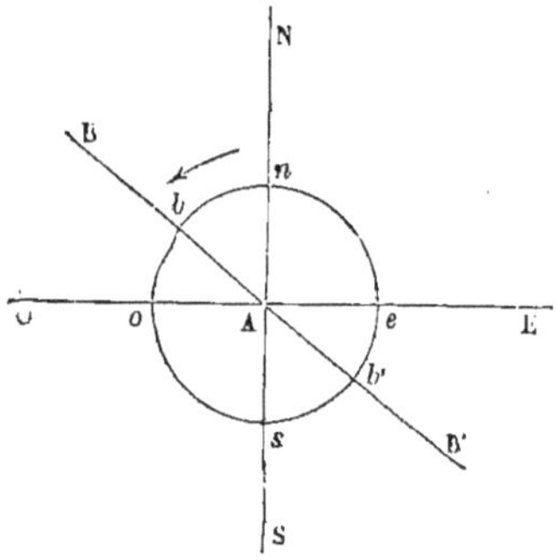

les deux droites perpendiculaires NS, OE aux points *n*, *s*, *o*, *e*. Nous mesurerons l'azimut de la direction AB par l'arc de cercle *nb* compris entre le nord *n* et le point *b*. L'azimut magnétique se compte de 0 à 360 degrés, à partir du nord magnétique et en tournant dans le sens indiqué par la flèche, c'est-à-dire du nord vers l'ouest, ou de droite à gauche. L'azimut de la direction opposée AB′ est l'arc *nosb′* plus grand de 180 degrés.

52. Imaginons qu'une droite AB (fig. 40), coïncidant d'abord avec AN, tourne autour du point A dans le sens indiqué par la flèche, l'azimut de cette droite ira en augmentant d'une manière continue de 0 à 360 degrés. La droite décrit d'abord le premier angle droit NAO, c'est-à-dire va du nord à l'ouest; l'azimut croît de 0 à 90 degrés. La droite décrit ensuite le second angle droit OAS, allant de l'ouest au sud; l'azimut varie de 90 à 180 degrés. La droite décrit ensuite le troisième angle droit SAE, allant du sud à l'est; l'azimut augmente de 180 à 270 degrés. Enfin la droite décrit le quatrième angle droit EAN, allant de l'est au nord, et l'azimut varie de 270 à 360 degrés.

Fig. 40.

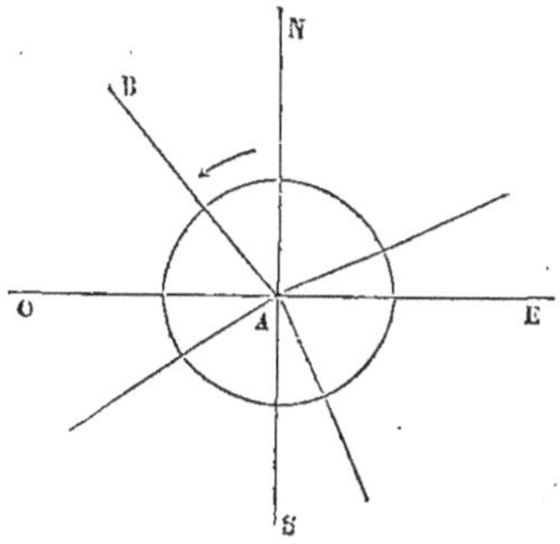

Si la droite dont on veut déterminer la direction n'est pas horizontale, on la projette sur un plan horizontal; l'azimut de la projection est ce qu'on appelle l'azimut de la droite.

Description de la boussole d'arpenteur.

53. Pour mesurer l'azimut magnétique d'une direction tracée sur le sol, on se sert de la boussole d'arpenteur; c'est une boîte carrée, contenant une boussole, c'est-à-dire une aiguille aimantée (fig. 41). Cette boîte est portée, comme le graphomètre, par un genou à coquilles et un pied à trois branches. Par ce mode de suspension, le plan du fond de la boîte, comme

le plan du limbe du graphomètre, peut être rendu horizontal et fixé dans cette direction ; mais la boîte reste mobile autour d'un axe vertical, qui passe par son centre.

Fig. 41.

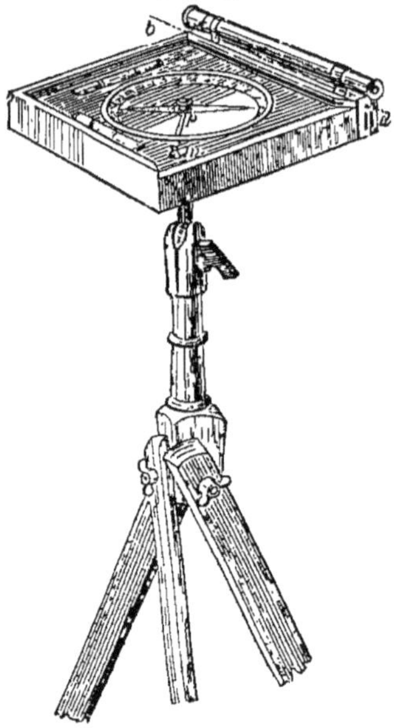

Au centre et au fond de la boîte est implanté perpendiculairement un petit pivot d'acier, sur lequel repose, au moyen d'une chape en agate, une aiguille aimantée. Les extrémités de cette aiguille parcourent un cercle divisé en degrés et demi-degrés, dont le centre coïncide avec le centre du fond de la boîte. Les divisions du cercle sont numérotées de 0° à 360°, en allant de gauche à droite pour un observateur placé au centre du cercle. L'origine des divisions a été placée de telle sorte que la ligne 0°-180° soit parallèle à deux côtés de la boîte, et la ligne 90°-270° aux deux autres côtés.

Sur le côté de la boîte parallèle au diamètre 0°-180° et du côté de la division 90°, est attachée une pièce de bois *ab*, mobile autour d'un axe situé dans le prolongement du diamètre 270°-90°.

Cette pièce de bois fait fonction d'alidade et sert à viser parallèlement au diamètre 0°-180°. A cet effet, elle est creusée dans toute sa longueur et fermée à chaque extrémité par une plaque métallique. Dans chaque plaque sont pratiquées deux ouvertures : un petit trou circulaire et une petite fenêtre traversée longitudinalement par une lame très-déliée. Ces ouvertures sont disposées inversement sur les deux plaques, comme les ouvertures de deux pinnules opposées, de sorte qu'en appliquant l'œil contre le trou circulaire de la plaque *a* ou de la plaque *b*, on peut viser parallèlement au diamètre 0°-180°, soit dans un sens, soit dans l'autre. — Dans la pratique on vise presque toujours dans le sens 180°-0°.

La boîte qui contient la boussole est recouverte par une vitre transparente, et peut être complétement fermée par une plaque de bois qui entre à coulisse dans les bords de la boîte. Enfin, une tige de cuivre *p*, que l'on peut élever ou abaisser en poussant à droite ou à gauche une petite pièce de cuivre *m*, supporte l'aiguille aimantée et l'appuie contre la vitre, quand la boussole ne sert pas, ce qui empêche la pointe du pivot de s'émousser.

Usage de la boussole pour déterminer l'azimut d'une direction.

54. Pour mesurer avec cet instrument l'azimut d'une droite horizontale allant du point A au point B, on dispose les trois branches du pied autour du point A, de manière que le centre de l'appareil soit au-dessus du point A. On rend à vue d'œil le plan du cercle horizontal (on y arrive aisément en remarquant que l'aiguille est disposée de manière à se placer toujours horizontalement), et on serre la vis de presion.

Fig. 42.

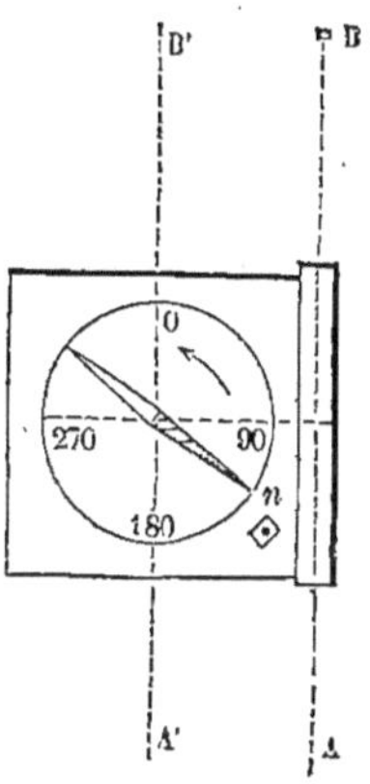

On fait tourner la boîte tout entière autour de son axe vertical, de manière que l'alidade *ab*, étant à la droite de l'opérateur, soit à peu près dirigée vers B. On vise par le trou *a* et on fait tourner doucement la boîte tout entière autour de son axe, jusqu'à ce que la lame déliée de la fenêtre *b* se projette sur le pied du jalon B. Cette condition remplie, la ligne 180°-0°, parallèle à la ligne de visée, est parallèle à la droite horizontale AB, et l'azimut magnétique de la ligne AB est mesuré par la division du cercle sur laquelle s'arrête le pôle nord *n* de l'aiguille aimantée. En effet, l'arc 0*n*, qu'on lit sur le cercle gradué, mesure bien l'azimut de la direction AB, azimut compté à partir du point *n* de droite à gauche, comme il a été convenu. On attend donc que l'aiguille s'arrête, et on lit la division du cercle sur laquelle s'est arrêté le pôle nord. On a soin, pour faire cette lecture, de se placer bien verticalement au-dessus de l'extrémité de l'aiguille. Comme l'aiguille oscille souvent longtemps autour de sa position d'équilibre, on hâte l'instant du repos, en soulevant avec précaution la tige de cuivre *p*, de manière à arrêter l'aiguille dans le voisinage de sa position moyenne, puis on abaisse la tige pour rendre à l'aiguille sa mobilité. L'aiguille, redevenue mobile, oscille encore autour de sa position d'équilibre ; mais, l'amplitude de ses oscillations ayant été diminuée notablement, elle parvient plus promptement au repos.

53. La pièce de bois *ab* porte quelquefois une lunette munie d'un réticule disposé de manière que l'axe optique de la lunette soit parallèle au diamètre 180°-0°. On vise avec cette lunette, au lieu de viser avec l'alidade, quand le point B est très-éloigné.

Enfin, certaines boussoles d'arpenteur portent deux petits niveaux à bulle d'air, incrustés dans la boîte parallèlement aux diamètres 90°-270° et 0°-180°. Ils sont disposés de manière que la bulle s'arrête au milieu du tube quand le diamètre du cercle, auquel il est parallèle, est horizontal. A l'aide de ces deux niveaux, on rend horizontal le plan du cercle par deux mouvements rectangulaires. On le fait d'abord tourner autour d'un axe parallèle au diamètre 0°-180°, jusqu'à ce que le diamètre 90° 270° soit horizontal, c'est-à-dire jusqu'à ce que la bulle du niveau parallèle à ce diamètre s'arrête au milieu du tube ; puis on fait tourner le plan du cercle autour d'un axe parallèle au diamètre 90°-270° jusqu'à ce que le diamètre 0°-180° devienne horizontal, c'est-à-dire jusqu'à ce que la bulle du niveau parallèle à ce diamètre s'arrête au milieu du tube. Pendant ce second mouvement, le diamètre 90°-270° restant horizontal, deux droites rectangulaires du plan du cercle (les diamètres 0°-180° et 90°-270°) deviennent horizontales, et par conséquent le plan du cercle est horizontal[1].

---

1. Lorsque deux droites d'un plan sont horizontales, le plan est horizontal. Pour rendre un plan horizontal, il suffit donc de rendre deux droites *quelconques* de ce plan horizontal : toutefois on choisit toujours deux droites rectangulaires, parce qu'ayant rendu horizontale une droite AB du plan, si le plan

56. Si la droite AB du terrain n'est pas horizontale, son azimut magnétique est l'azimut magnétique de sa projection horizontale. On le détermine comme précédemment, en rendant le diamètre 180°-0° du cercle parallèle à la projection horizontale de AB. A cet effet, le plan du cercle étant rendu horizontal, on tourne la boîte de manière que l'alidade *ab*, étant à droite de l'observateur, soit à peu près dirigée vers B. Cette pièce est mobile autour d'un axe horizontal situé dans le prolongement du diamètre 270°-90°. On la fait tourner autour de cet axe en même temps que l'on fait tourner la boîte autour de son axe vertical, de manière à diriger exactement la ligne de visée *ab* vers le jalon B. Quand la lame déliée de la plaque *b* se projette sur le pied du jalon B, le diamètre 180°-0° est rendu parallèle à la projection horizontale de AB ; il suffit alors de lire la division sur laquelle est le pôle nord de l'aiguille.

Fig 43.

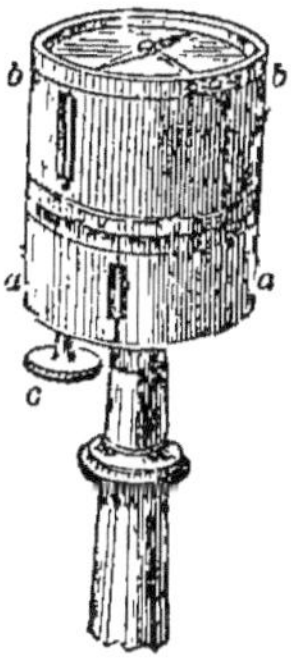

On emploie beaucoup maintenant, au lieu de la boussole à boîte carrée, la boussole qui surmonte l'*équerre-graphomètre* (n° 41). Le cercle de cette boussole est gradué comme celui de la boussole à boîte carrée, et l'une des lignes de visée du cylindre supérieur correspond à la ligne 180°-0°. Pour mesurer l'azimut d'une droite AB, l'appareil étant placé en un point de AB, on dirige cette ligne de visée vers B, et on lit la division du cercle sur laquelle s'arrête le pôle nord de l'aiguille.

Levé à la boussole.

57. Après avoir mesuré les longueurs des côtés d'un polygone topographique à la chaîne, on peut, au lieu de mesurer au graphomètre les angles du polygone, mesurer à la boussole les azimuts des côtés, les directions de ces côtés étant toutes considérées dans un même sens déterminé.

---

n'est pas horizontal, la droite du plan la plus inclinée sur l'horizon (la ligne de plus grande pente) est une perpendiculaire à AB menée dans le plan.

Mais il faut remarquer que, dans certains cas, la détermination d'un azimut magnétique peut être fautive, quels que soient le soin et l'habileté de l'opérateur; c'est ce qui arrive, par exemple, lorsqu'une masse de fer, cachée à l'opérateur, est assez voisine de la station pour modifier la direction de l'aiguille aimantée. Il importe donc de conduire les opérations de manière à vérifier directement l'exactitude de chaque azimut mesuré. On y arrive aisément en déterminant, de deux stations

Fig. 44.

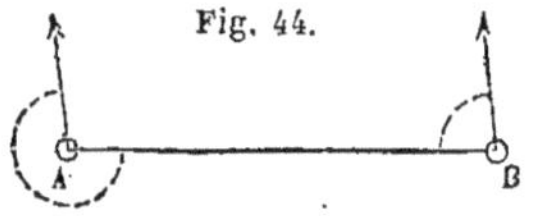

Fig. 45.

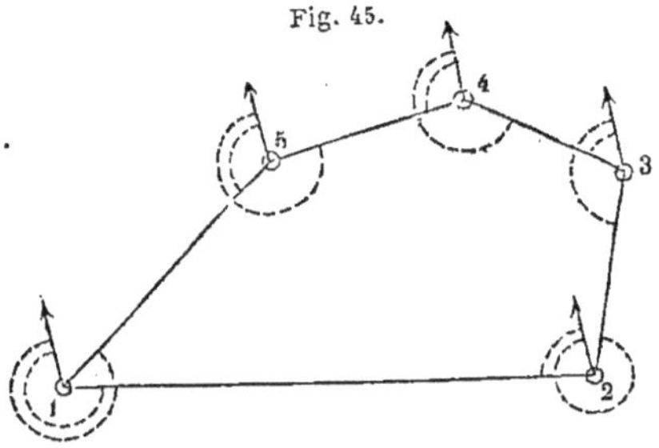

différentes, les azimuts des deux directions de chaque côté : par exemple, pour le côté AB (fig. 44), on déterminera du sommet A l'azimut de la direction AB, et du sommet B l'azimut de la direction BA. La différence de ces deux azimuts est évidemment égale à 180 degrés.

Soit le polygone 1, 2, 3, 4, 5 (fig. 45). En chaque sommet du polygone, on mesure avec la boussole les azimuts des deux côtés du polygone, qui partent de ce sommet. La boussole étant placée au sommet (1), on mesure les azimuts des deux côtés (1-2) et (1-5). On transporte ensuite la boussole au sommet (2), et on mesure les azimuts des deux côtés (2-3) et (2-1), et ainsi de suite. Les azimuts des côtés (1-2), (2-3),..., sont dits azimuts *en avant*. Les azimuts des côtés (1-5), (2-1), (3-2),..., sont dits azimuts *en arrière*. On a soin d'inscrire les résultats au fur et à mesure dans un tableau à trois colonnes.

Côtés.	AZIMUTS En avant.	En arrière.
1—2	261°	81°
2—3	343°	163°
3—4	58° 35′	238° 35′
4—5	96°	276°
5—1	122° 40′	302° 40′

Et l'on s'assure que la différence des azimuts des deux directions d'un même côté est bien égale à 180°. Une fois la vérification faite, on se bornera à considérer les azimuts en avant, qui, avec les longueurs des côtés, suffisent pour déterminer le polygone.

Enfin on peut encore, avec les azimuts des côtés, calculer les angles du polygone et vérifier que la somme des angles est égale à autant de fois 180° qu'il y a de côtés moins deux.

Le polygone topographique de l'École normale a été levé aussi à la boussole. La vérification relative aux azimuts des deux directions de chaque côté a eu lieu très-exactement pour tous les côtés, excepté pour les deux côtés qui aboutissent au sommet (6); ils se sont trouvés tous deux trop forts de 45′ pour que les deux différences fussent juste égales à 180°. On a dû penser qu'il y avait là quelque cause perturbatrice; et, en effet, près du sommet (6), s'élève un regard d'eau en fonte d'une masse considérable, qui a dévié probablement de 45′ l'aiguille aimantée vers l'est. Se fiant aux autres azimuts, on a corrigé ces deux-là de 45′.

Les mineurs et les forestiers se servent presque exclusivement de la boussole, qui leur fournit un moyen commode de déterminer la direction des galeries d'une mine ou des chemins d'une forêt.

Rapporter sur le papier un polygone topographique levé à la boussole.

58. Pour rapporter sur le papier un polygone levé à la boussole, on fait choix de la direction nord-sud magnétique sur le papier; on marque, pour représenter le sommet (1), un point de la feuille tel, que la figure orientée tienne tout entière dans le papier, et on trace la droite (1-2) dont la direction fait avec la direction sud-nord magnétique, à l'ouest, un angle égal à l'azimut magnétique du côté (1-2). On détermine le point (2) d'après la longueur du côté (1-2) mesurée à la chaîne et réduite à l'échelle convenue; puis on trace de même le côté (2-3)

d'après son azimut, et ainsi de suite. A la fin, le polygone doit se fermer avec les vérifications ordinaires.

59. Pour effectuer facilement ces constructions, après avoir indiqué sur le papier la direction nord-sud vraie par une flèche NV, SV, et la direction nord-sud magnétique par une autre flèche NM, SM, faisant avec la première, à l'ouest, un angle égal à la déclinaison de l'aiguille aimantée, on trace, ordinairement à l'encre rouge, deux systèmes de droites très-déliées, distantes d'un décimètre, et parallèles les unes à la direction nord-sud magnétique, les autres à la direction est-ouest magnétique.

Cela fait, pour tracer la droite *ab* qui, sur le papier, représente la droite AB du terrain, connaissant le point *a* qui représente A, et l'azimut de AB, on se sert d'un grand rapporteur dont le diamètre est de 15 ou 16 centimètres, et sur lequel on ne considère qu'une seule graduation, celle qui va de gauche à droite pour un observateur placé au centre du rapporteur.

Si l'azimut est moindre que 180 degrés (fig. 46), on place le rapporteur de manière que son centre soit sur la ligne rouge

Fig. 46.

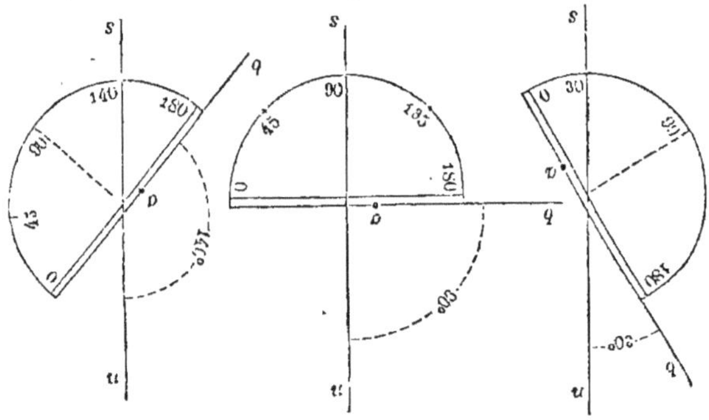

nord-sud la plus voisine du point *a*, et on le fait tourner jusqu'à ce que la division du rapporteur, correspondant au nombre de degrés de l'azimut donné, se place sur la portion inférieure de cette même ligne; on fait ensuite glisser le rapporteur, en maintenant le centre et la division indiquée sur cette ligne, jusqu'à ce que le bord rectiligne passe par le point a;

Fig. 47.

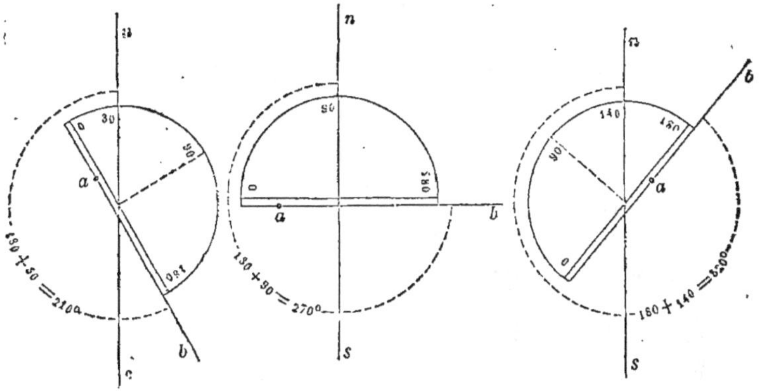

et alors, avec un crayon on trace, en se servant du bord du rapporteur comme d'une règle, et en allant du point a à la division 180°, la droite qui sur le papier doit représenter AB.

Fig. 48.

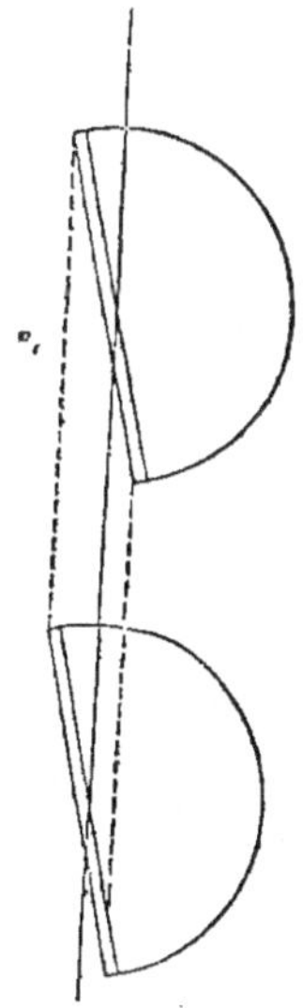

Si l'azimut est plus grand que 180 degrés (fig. 47), on place le rapporteur de manière que son centre soit sur la ligne rouge nord-sud la plus voisine du point a, et on le fait tourner jusqu'à ce que la division du rapporteur, correspondant au nombre de degrés de l'azimut diminué de 180, se place sur la portion supérieure de cette même ligne; on fait ensuite glisser le rapporteur, en maintenant le centre et la division indiquée sur cette ligne, jusqu'à ce que le bord rectiligne rencontre le point a, et alors on trace ab comme précédemment.

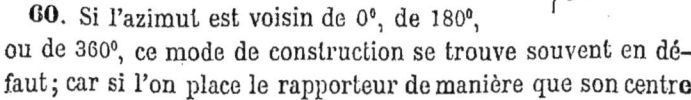

60. Si l'azimut est voisin de 0°, de 180°, ou de 360°, ce mode de construction se trouve souvent en défaut; car si l'on place le rapporteur de manière que son centre et la division qui correspond à l'azimut soient sur la ligne nord-sud la plus voisine de *a* (fig. 48), et si l'on fait ensuite glisser le rapporteur en laissant le centre et la division indiquée sur cette ligne, on voit que le bord rectiligne ne pourra rencontrer le point *a* qu'autant que celui-ci sera très-voisin de la ligne nord-sud. Mais on lève facilement cette difficulté

Fig. 49.

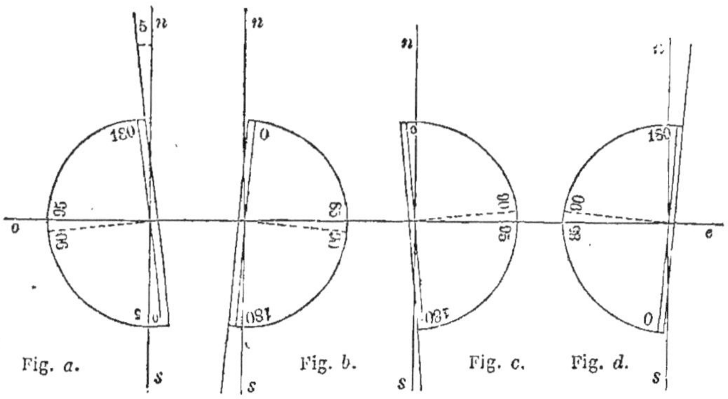

Fig. *a*. Fig. *b*. Fig. *c*. Fig. *d*.

en faisant glisser le rapporteur de manière que son centre et une division convenablement choisie glissent sur une des lignes parallèles à la direction est-ouest magnétique. Dans ce mouvement, le bord rectiligne du rapporteur se déplace parallèlement à lui-même, et si la ligne choisie est la plus voisine du point *a* (fig. 49), on peut amener le bord du rapporteur à passer par le point *a*

Exemples :

L'azimut est voisin de 0°; il est de 5° par exemple. On placera la division 95° sur la ligne ouest-est, et à l'ouest du centre du rapporteur (fig. *a*).

L'azimut est voisin de 180° et inférieur à 180°; il est de 175° par exemple. On placera la division 85° sur la ligne ouest-est et à l'est du centre du rapporteur (fig. *b*).

L'azimut est voisin de 180° et supérieur à 180°; il est de 185° par exemple. On placera la division 95° sur la ligne ouest-est et à l'est du centre du rapporteur (fig. *c*).

Enfin l'azimut est voisin de 360°; il est de 355° par exemple. On placera la division 85° sur la ligne ouest-est et à l'ouest du centre du rapporteur (fig. *d*).

L'examen des figures fait bien comprendre la manière de procéder et nous dispense de toute explication à ce sujet.

Rapporteur complémentaire.

61. On appelle rapporteur complémentaire (fig. 5, pl. II) un rapporteur gradué de manière à permettre la construction dans tous les cas, sans aucune réduction.

Ce rapporteur, dont le diamètre est de 15 centimètres, est divisé en degrés et demi-degrés, comme le rapporteur ordinaire; il n'en diffère que par la graduation.

Sur une première circonférence, on a numéroté les degrés de 10 en 10, de gauche à droite, de 0° à 180°; sur une seconde circonférence, toujours de gauche à droite, on a numéroté les degrés de 10 en 10, de 180° à 360°.

Sur les rayons qui aboutissent aux divisions

50°, 60°, 70°, 80°, 90°, 100°, 110°, 120°, 130°,

de la première circonférence, et sur une troisième circonférence, on a marqué

140°, 150°, 160°, 170°, 180°, 190°, 200°, 210°, 220°,

sur ces mêmes rayons, et sur une quatrième circonférence, on a marqué

320°, 330°, 340°, 350°, 0°, 10°, 20°, 30°, 40°.

On donne souvent à ce rapporteur une forme rectangulaire qui permet de l'introduire dans une petite boîte de compas. Les quatre circonférences sur lesquelles sont inscrites les graduations sont alors remplacées par quatre cadres rectangulaires (fig. 5, pl. II). Le bord 0°-180°, sur lequel 14 centimètres ont été divisés en millimètres, peut servir d'échelle.

La forme rectangulaire du rapporteur présente cet avantage,

que, si l'on a placé le centre et une certaine division sur une ligne magnétique, pour faire glisser l'instrument en laissant le centre et la division indiquée sur la ligne, il suffit d'appliquer une règle contre un des petits côtés et de faire glisser le rapporteur en l'appuyant contre la règle.

62. Pour tracer une droite dont l'azimut est moindre que 180°, on se sert du rapporteur complémentaire comme du rapporteur ordinaire. Si l'azimut est plus grand que 180°, soit par exemple 245°, on met immédiatement le centre du rapporteur sur la ligne *ns* la plus voisine de *a* et la division 245° sur la portion supérieure de cette même ligne, puis on fait glisser comme avec le rapporteur ordinaire. Si l'angle est voisin de 0°, de 360° ou de 180°, on place immédiatement le centre du rapporteur sur la ligne *oe* la plus voisine de *a*, et on la fait tourner de manière que la division correspondante à l'azimut, lue sur la troisième ou sur la quatrième circonférence, tombe sur cette ligne, à l'est s'il est voisin de 180°, à l'ouest si l'azimut est voisin de 0° ou de 360°, puis on fait glisser comme avec le rapporteur ordinaire.

Rapporter un polygone topographique sur le papier sans faire usage du rapporteur.

63. Lorsqu'on rapporte un polygone topographique sur le papier, on a à construire deux espèces de grandeurs, des longueurs et des angles. Les longueurs, à l'aide du compas et de l'échelle de réduction, sont portées sur le papier avec toute l'approximation fournie par les mesures prises sur le terrain; mais il n'en est pas de même des angles. Le rapporteur dont on se sert ordinairement permet tout au plus de tenir compte du quart de degré, tandis que les angles sont mesurés sur le terrain à une minute près. Il importe donc, pour que les constructions graphiques aient toute l'exactitude désirable, et puissent servir au contrôle des opérations faites sur le terrain, de remplacer, dans les données nécessaires à la construction d'un polygone, les angles par des longueurs calculées trigonométriquement. A cet effet, on imagine deux droites rectangulaires prises pour *axes*, et l'on calcule les distances des sommets du polygone à ces deux droites. D'ordinaire on prend une de ces droites parallèle à la direction nord-sud magnétique, c'est la *méridienne*, l'autre est dite la *perpendiculaire*.

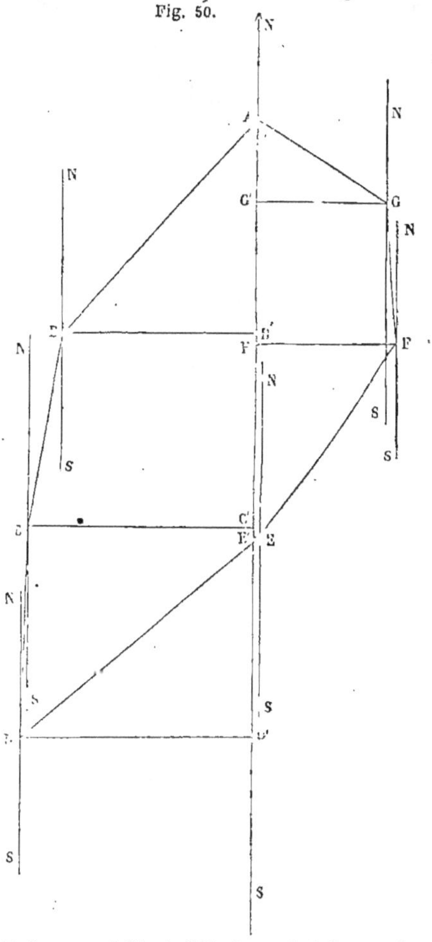

Fig. 50.

Appliquons cette méthode au premier polygone topographique de l'île du bois de Boulogne (planche I, fig. 2). Prenons pour *axes* la méridienne et la perpendiculaire qui passent par le sommet 1. Appelons A, B, C, ..., les sommets 1, 2, 3, ..., et A', B', C',.... (fig. 50) les projections de ces sommets sur la méridienne. On détermine la position du point B par les distances AB' et BB', le point C par les distances AC' et CC', le point D par les distances AD' et DD', ..., etc. Sur un croquis du polygone, on voit immédiatement que ces longueurs sont données par les formules :

$$B \left\{ \begin{array}{l} AB' = AB \cos BAS \\ BB' = AB \sin BAS \end{array} \right.$$

$$C \begin{cases} AC' = AB' + BC \cos CBS \\ CC' = BB' + BC \sin CBS \end{cases}$$

$$D \begin{cases} AD' = AC' + CD \cos DCS \\ DD' = CC' + CD \sin DCS \end{cases}$$

$$E \begin{cases} AE' = AD' - DE \cos EDN \\ EE' = - DD' + DE \sin EDN \end{cases}$$

$$F \begin{cases} AF' = AE' - EF \cos FEN \\ FF' = EE' + EF \sin FEN \end{cases}$$

$$G \begin{cases} AG' = AF' - FG \cos GFN \\ GG' = FF' - FG \sin GFN \end{cases}$$

et, pour vérification :

$$A \begin{cases} 0 = AG' - GA \cos AGN \\ 0 = GG' - GA \sin AGN \end{cases}$$

Les côtés et les angles du polygone sont donnés par le tableau suivant :

SOMMETS.	CÔTÉS.	ANGLES.
A	77^m,57	110° 2′
B	55 ,95	146°54′
C	56 ,50	170°32′
D	84 ,80	50° 2′
E	64 ,76	163°12′
F	37 ,90	143°12′
G	42 ,79	125° 6′
		900° 0′

L'angle aigu BAS formé par le côté AB avec la méridienne a été mesuré directement, et évalué 42°38′. Connaissant cet angle, et les angles du polygone, on calcule les angles aigus formés par les autres côtés du polygone avec la méridienne ; on a ainsi :

$$\begin{aligned} BAS &= && 42^\circ 38' \\ CBS &= B - 180^\circ + BAS &&= 9^\circ 32' \\ DCS &= C - 180^\circ + CBS &&= 0^\circ\ 4' \\ EDN &= D + DCS &&= 50^\circ\ 6' \\ FEN &= E - 180^\circ + EDN &&= 33^\circ 18' \\ GFN &= 180^\circ - FEN - F &&= 3^\circ 30' \\ AGN &= 180^\circ - G + GFN &&= 58^\circ 24' \end{aligned}$$

et, comme vérification :

$$BAS + AGN = 101^{o}2' = A.$$

Connaissant les angles, on calcule les longueurs, et l'on a :

$$B \begin{cases} AB' = 57,068 \\ BB' = 52,538 \end{cases} \qquad E \begin{cases} AE' = 114,350 \\ EE' = 3,186 \end{cases}$$

$$C \begin{cases} AC' = 12,245 \\ CC' = 61,804 \end{cases} \qquad F \begin{cases} AF' = 60,224 \\ FF' = 38,740 \end{cases}$$

$$D \begin{cases} AD' = 168,745 \\ DD' = 61,869 \end{cases} \qquad G \begin{cases} AG' = 22,395 \\ GG' = 31,426 \end{cases}$$

et, pour vérification :

$$A \begin{cases} 22,395 - 22,421 = -0,026 \\ 36,426 - 36,446 = -0,020 \end{cases}$$

Sur la méridienne, l'erreur finale est de $0^{m},02$ sur une longueur de $22^{m},395$, ce qui donne une erreur relative moindre que 0,001. De même sur la perpendiculaire, l'erreur finale est $0^{m},02$ sur une longueur de $36^{m},426$, ce qui donne encore une erreur relative moindre que 0,001. Ces deux erreurs sont parfaitement négligeables.

CHAPITRE VII.

LEVÉ A LA PLANCHETTE.

Description de la planchette. — Levé à la planchette. — Déclinatoire.

Description de la planchette.

64. Dans les chapitres précédents, nous avons indiqué divers procédés pour *lever* un plan, et nous avons montré comment, dans chaque cas, le plan levé peut être *rapporté* sur le papier. Ces deux opérations distinctes, *lever* le plan et le *rapporter* sur le papier, peuvent être effectuées simultanément à l'aide d'un instrument nommé *planchette*.

La planchette est une planche à dessiner, portée par un trépied; nous l'avons déjà décrite sommairement (n° **42**). La planche est attachée au trépied qui la porte par un système particulier de pièces articulées, telles que l'on puisse la rendre horizontale, lui donner telle direction que l'on veut, et ensuite la fixer d'une manière absolue.

Fig. 51.

Les trois branches du trépied AAA (fig. 51), terminées par des pointes en fer, s'enfoncent dans le sol. A sa partie supérieure, chacune d'elles est reliée à un disque de bois B par un boulon; un écrou, se vissant sur ce boulon, permet de fixer chaque branche au disque, après l'avoir plus ou moins écartée. Ce disque porte deux montants en bois C, C, égaux, parallèles et implantés perpendiculairement au plan du disque. Un boulon *c* traverse ces deux montants; sa tête repose sur la face extérieure de l'un, son écrou sur la face extérieure de l'autre. Le même boulon, entre les deux montants, traverse, suivant son axe, un gros cylindre de bois D, faisant corps avec un second cylindre de bois E, dont l'axe est perpendiculaire au premier; un nouveau boulon *ff* traverse ce second cylindre suivant son axe, ainsi que deux pièces de bois F, F, semblables aux pièces C, C, mais inversement disposées; ces deux pièces portent à leur tour un disque circulaire G, dont le plan est parallèle au boulon *ff*. Un boulon *h* traverse ce disque en son centre, ainsi qu'une petite planche carrée H placée sur le disque G. La tête du boulon est logée dans une petite cavité creusée à la surface supérieure de la planche H, de manière à ne pas dépasser la surface de cette planche, et l'écrou repose sur la face inférieure du disque G.

Enfin, la planche à dessiner M porte à sa partie inférieure un cadre à coulisses K, K, dans lequel on peut engager la planche H, de manière que les deux planches M et H fassent corps ensemble, et aient leurs plans parallèles.

Par cette disposition, quand on desserre les écrous des trois boulons *c*, *f*, *h*, les deux planches réunies peuvent tourner librement autour de chacun de ces boulons. Quand on serre ces écrous, au contraire, la planchette est fixée d'une manière invariable à son trépied[1].

65. Pour rendre la planchette horizontale, on rend horizontales, d'abord une droite de la planchette parallèle au boulon *ff*, puis une seconde droite perpendiculaire à la première. A cet effet, après avoir enfoncé les trois branches du trépied dans le sol, de manière à rendre le disque B à peu près horizontal, et les avoir fixées à ce disque en serrant les écrous, on

1. Ce mode d'articulation, qui est très-bon et bien supérieur au genou à coquille, s'appelle genou à la Cugneau.

place sur la planchette, parallèlement au boulon *ff*, un petit niveau à bulle d'air, et on fait mouvoir la planchette autour du boulon *c* jusqu'à ce que la bulle du niveau s'arrête au milieu du tube. Cette condition remplie, le niveau est horizontal; le boulon *ff*, qui est parallèle au plan de la planchette et au niveau lui-même, est aussi horizontal. On fixe la direction du boulon *ff* en serrant fortement l'écrou du boulon *c*. On place ensuite le niveau perpendiculairement à sa première direction, et on fait mouvoir la planche autour du boulon *ff*, qui reste fixe et par conséquent horizontal, jusqu'à ce que la bulle s'arrête au milieu du tube. Cette condition remplie, le niveau est une seconde fois horizontal; si l'on n'a fait aucun faux mouvement, deux droites du plan de la planchette sont horizontales, et par conséquent le plan lui-même est horizontal. Comme vérification, le niveau étant placé dans une direction quelconque sur la planchette, la bulle doit s'arrêter au milieu du tube. Le disque B étant fixé aux trois branches du trépied, et la planche au disque B, quand tous les écrous sont serrés, le plan de la planche ne peut plus changer de direction. Mais si l'écrou du boulon *h* est desserré, la planche peut encore tourner librement autour de ce boulon vertical; cet écrou serré, tout mouvement de la planchette devient impossible.

66. Avec la planchette, on emploie l'alidade à pinnules (fig. 52); c'est une grande règle en cuivre portant deux pinnules semblables à celles du graphomètre, et échancrée de manière que le plan des fils des deux pinnules contienne une des arêtes de la règle; lorsque l'alidade est placée sur la planchette, rendue horizontale, cette arête *ab* de la règle est la projection sur le papier de la ligne de visée déterminée par les deux pinnules.

Fig. 52.

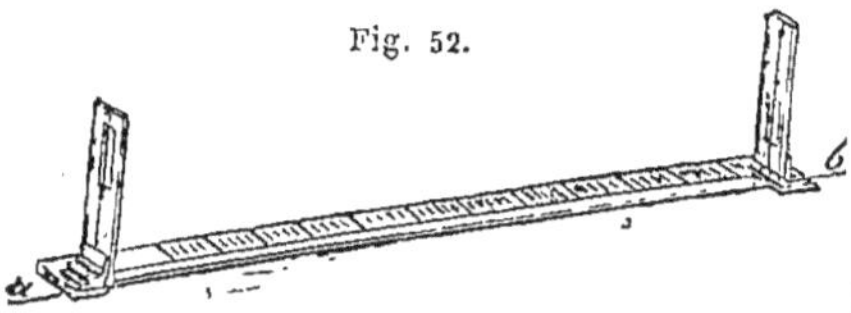

Levé à la planchette.

67. Cela posé, proposons-nous de lever à la planchette le plan d'un terrain. Dans les cas les plus simples, on choisit une base MN des deux extrémités de laquelle on voie nettement tous les points remarquables du terrain (fig. 53).

Fig. 53.

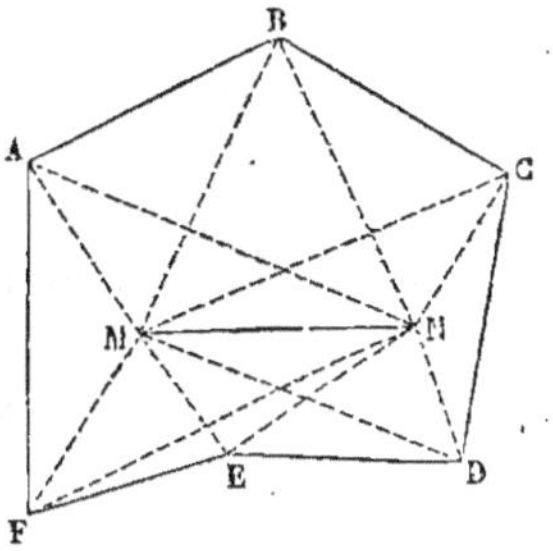

Après avoir mesuré la distance MN, portons la planchette en M; choisissons, d'après la forme du terrain, le point *m* du papier qui doit représenter M, et la direction *mn*, de manière que toute la figure tienne dans le papier. Traçons *mn*, et marquons le point *n* en donnant à *mn* la longueur qui doit représenter MN; plantons une aiguille en *m*, et déplaçons les pieds de l'instrument pour mettre le point *m* du papier à peu près au-dessus de M, et la droite *mn* du papier dans la direction MN du terrain. Cette double condition approximativement remplie, fixons les branches en les enfonçant suffisamment dans le sol et en serrant leurs écrous. Rendons la planchette horizontale, comme nous l'avons expliqué, et faisons tourner la planchette autour du boulon vertical *h* jusqu'à ce que, l'arête interne de l'alidade étant placée sur la ligne *mn*, la ligne de visée déterminée par cette alidade passe bien exactement par le jalon N. Si les premières dispositions ont été bien prises, il suffit d'un très-petit mouvement de la planchette autour du boulon *h* pour remplir cette condition, et le point *m* reste toujours sensiblement au-dessus du point M. Serrons alors l'écrou du boulon *h*, la planchette est mise en station au point M. (La planche est horizontale, *m* est à très-peu près au-dessus de M, *mn* est la projection sur la planchette de la direction MN.)

Sans déranger la planchette, faisons maintenant tourner l'alidade autour de l'aiguille plantée en *m*, jusqu'à ce que la ligne de visée qu'elle détermine passe par le jalon A; et, avec un crayon appliqué contre l'arête interne de l'alidade, traçons sur le papier la projection *ma* de la ligne MA sur le plan de la planchette; l'angle *amn*, ainsi construit, est la projection horizontale de l'angle AMN du terrain.

Dirigeant ainsi successivement l'alidade vers tous les points remarquables A, B, C,... du terrain, nous construirons les projections des angles AMN, BMN, CMN,... sur un même plan horizontal, le plan de la planchette. Ces constructions supposant l'immobilité de la planchette, on s'assurera que cette condition est bien remplie en mettant de temps à autre l'arête de l'alidade sur *mn*, et en constatant que la ligne de visée qu'elle détermine passe toujours par le jalon N.

Les opérations relatives à la station M terminées, enlevons la planchette, remettons le jalon M à sa place, et portons la planchette au point N. Mettons-la en station en N, comme nous l'avons mise précédemment en M; et, visant successivement les points A, B, C,..., traçons sur la planchette les droites NA, NB, NC,... Mettons les lettres *a*, *b*, *c*,..., aux points d'intersection des lignes *ma* et *na*, *mb* et *nb*, *mc* et *nc*,...; les triangles *mna*, *mnb*, *mnc*,..., ainsi construits sont respectivement semblables aux triangles MNA, MNB, MNC,..., ou à leurs projections horizontales, si le terrain n'est pas plan.

Le rapport de similitude étant toujours le même, la figure tracée sur la planchette est semblable à la figure formée par le plan du terrain. Le plan est à la fois levé et rapporté sur le papier.

Remarquons toutefois qu'un point du terrain serait très-mal déterminé par cette méthode, si les deux lignes de visée se coupaient sous un angle trop petit.

68. Il est rare que le terrain soit assez découvert et le plan assez simple, pour que tous les points remarquables puissent être déterminés avec une exactitude suffisante par des droites partant des deux extrémités d'une même base. En général, il sera préférable d'établir un polygone topographique, dont on mesurera les côtés, et aux sommets duquel on transportera

successivement la planchette, procédant ainsi par *chemine-ment.*

Supposons que l'on veuille lever à la planchette le plan de l'île du bois de Boulogne (pl. I, fig. 2). Après avoir choisi les sommets du polygone topographique, mesuré les côtés, et planté des jalons tant aux sommets du polygone qu'aux points remarquables de l'île ou du bord opposé, on mettra la planchette en station au sommet (1); de là on visera les sommets (2) et (7) et les points remarquables qui sont en vue. On transportera ensuite la planchette au sommet (2), on la mettra en station de manière que la droite (2.1) passe par le sommet (1); on visera de là le sommet (3) et les points déjà visés du sommet (1) et d'autres encore. On transportera ensuite la planchette au sommet (3), et ainsi de suite.

A la fin, on aura fait le tour de l'île et construit un polygone topographique qui devra présenter les vérifications ordinaires: 1° De la station (1) on a visé le sommet (7); quand, à la fin de l'opération, on arrive au sommet (6), et que de là on vise le sommet (7), le côté (6.7) doit passer par le point (7) déjà marqué sur le plan. 2° La longueur (6.7) mesurée sur le terrain doit aboutir au point (7). 3° Si l'on met enfin la planchette en station au sommet (7), la ligne de visée (7.1) doit passer par le point (1).

Lorsqu'un point peut être visé de plus de deux stations, on aura soin de tracer sur le papier les projections de toutes les lignes de visée dirigées sur ce point, et on vérifiera l'exactitude des opérations effectuées, en s'assurant que ces droites se coupent en un même point.

La figure 9, planche II, représente le plan, levé à la planchette, d'un terrain séparé en deux par une rivière. On a construit deux polygones topographiques que l'on a reliés par la méthode des intersections. Le polygone situé au sud de la rivière enveloppe un bois; de l'autre côté se trouvent des maisons, des jardins, des champs, un moulin, etc.

Déclinatoire.

69. Pour orienter le plan, quand on le lève à la planchette, on se sert d'une petite boussole appelée *déclinatoire* (fig. 54).

Fig. 54.

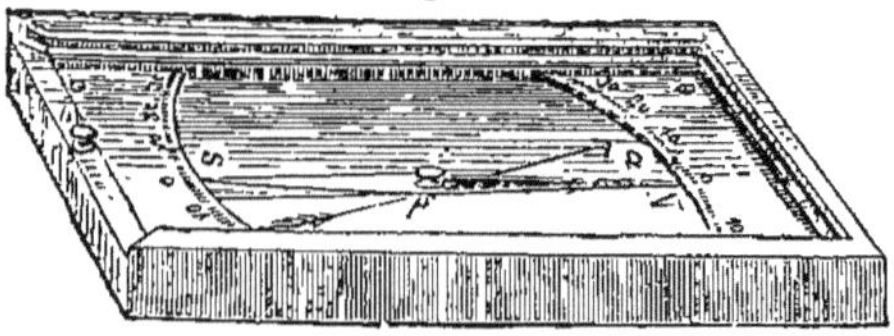

L'aiguille, enfermée dans une boîte en bois de forme rectangulaire, se meut librement sur un petit pivot fixé au fond de la boîte ; l'extrémité nord se déplace sur un arc gradué, et s'arrête sur la division 0 quand l'axe de l'aiguille est parallèle aux grands côtés de la boîte. Sur le fond de la boîte on grave quelquefois une flèche *a*, dont la direction représente le méridien magnétique, quand les grands côtés de la boîte sont dans la direction du méridien vrai.

A la partie supérieure, la boîte est fermée par une glace transparente, et au-dessus par une plaque de bois qui entre à coulisse dans les bords de la boîte, et qu'on enlève quand on veut se servir du déclinatoire. Cette plaque appuie sur un petit bouton *m*, qui en s'enfonçant soulève une languette de cuivre *p*; celle-ci soulève l'aiguille aimantée et, en l'empêchant de porter sur la pointe du pivot, ménage cette pointe, tant que le déclinatoire ne sert pas. Dès que le couvercle de bois est retiré, ce bouton *m* remonte de lui-même, la languette *p* descend, l'aiguille se pose sur la pointe du pivot et reprend sa mobilité.

Avant de commencer le levé du plan, on trace dans un coin de la feuille une droite NS dont la direction doit représenter la direction du méridien magnétique. On porte la planchette au sommet (1) ; on la rend à peu près horizontale, et on place le déclinatoire sur la planchette, en appliquant sur la ligne NS un des grands côtés de la boîte ; on fait tourner la planchette autour de l'axe vertical, jusqu'à ce que l'aiguille s'arrête à peu près au zéro ; la planchette est alors disposée de manière que la ligne NS de la feuille est à peu près dans la direction du méridien magnétique. Considérant alors la forme générale du terrain, on choisit sur le papier le point (1) de manière que la figure entière puisse tenir dans la feuille sans être rejetée d'aucun côté, et on plante une aiguille en ce point.

Après ces dispositions préliminaires, il faut mettre la planchette en station. On commence par déplacer, s'il le faut, les pieds de l'instrument, pour amener approximativement le point (1) au-dessus du sommet (1), l'aiguille restant toujours au zéro; puis on enfonce les pieds dans le sol. De petits mouvements suffiront pour donner définitivement à la planchette la position qu'elle doit occuper; on rend la planchette horizontale, et on la fait tourner légèrement autour de son axe vertical de manière que, le déclinatoire étant placé comme précédemment, l'aiguille aimantée s'arrête bien exactement au zéro; alors on serre l'écrou du bouton vertical, la planchette est en station. Pour effectuer les opérations relatives à cette première station, on appuie l'arête interne de l'alidade contre l'aiguille, on la dirige de manière que la ligne de visée passe par le jalon (2), et on trace la projection de cette ligne de visée. Cette droite (1.2) se trouve ainsi orientée par rapport à la ligne NS qui représente le méridien magnétique. Si donc on achève le levé du plan comme nous l'avons expliqué, le plan se trouvera à la fois levé et orienté.

Le déclinatoire fournit en outre un moyen commode de vérification à chacune des stations. La planchette étant mise en station à un sommet quelconque, que l'on place le déclinatoire sur la planchette, appliquant le grand côté de la boîte suivant la droite NS, on devra voir l'aiguille aimantée s'arrêter au point zéro, si les opérations ont été bien faites jusque-là.

70. La planchette est un instrument très-expéditif entre les mains d'un opérateur habile et exercé; le polygone topographique est en même temps levé, construit, et les points remarquables du terrain rattachés au polygone. Quant aux détails, on les lèvera, comme à l'ordinaire, par des perpendiculaires avec la chaîne et la roulette, pour les rapporter ensuite sur la planchette.

CHAPITRE VIII.

PROBLÈMES.

Déterminer la distance d'un point à un autre inaccessible. — Trouver la hauteur d'un bâtiment dont le pied est accessible. — Mesurer la hauteur d'une montagne au-dessus de la plaine. — Mesurer la distance de deux points inaccessibles. — Prolonger une droite au delà d'un obstacle qui arrête la vue. — Par trois points donnés mener une circonférence, lors même qu'on ne peut approcher du centre. — Raccordement de deux droites. — Trouver le rayon d'une tour, d'une enceinte circulaire, dans laquelle on ne peut pas pénétrer. — Trois points A, B, C, étant situés sur un terrain uni et rapportés sur une carte, déterminer sur cette carte le point P, d'où les distances AB et AC ont été vues sous des angles qu'on a mesurés.

Déterminer la distance d'un point à un point inaccessible.

71. Première méthode. Soit à mesurer la distance d'un point A à un point B visible de A (fig. 55), mais séparé du premier par une rivière. On choisit sur le terrain une base AC que l'on mesure avec soin; avec un graphomètre on mesure les angles BAC, BCA. Réduisant AC à une échelle convenable, on construit sur le papier un triangle *abc* semblable au triangle ABC, et on mesure *ab* à l'aide de l'échelle.

Fig. 55.

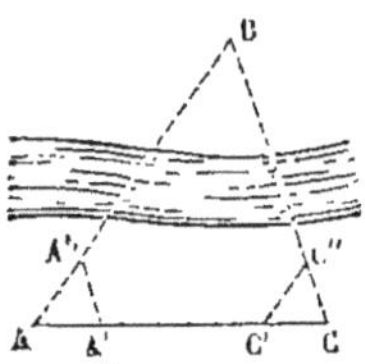

Si l'on n'a pas de graphomètre à sa disposition, on détermine les angles A et C du triangle BAC en mesurant avec la chaîne les trois côtés des petits triangles AA'A'', CC'C'', ainsi qu'il a été expliqué dans le levé au mètre, et on construit encore, à une échelle convenable, le triangle *abc* semblable à ABC.

72. Deuxième méthode. Lorsque le terrain est assez uni et découvert du côté de la rivière où l'on se trouve, on peut éviter l'emploi des constructions graphiques, et mesurer sur le sol même une longueur égale à AB.

Si l'on a un graphomètre, après avoir planté un jalon en C (fig. 56), on place le graphomètre en A, on dirige l'alidade fixe vers C, l'alidade mobile vers B, puis on fait tourner le limbe tout entier dans son plan, jusqu'à ce que l'alidade mobile se dirige vers C; l'alidade fixe fait alors de l'autre côté de AC, avec cette ligne, un angle égal à BAC; dans la direction de la ligne de visée de cette alidade, l'opérateur fait planter un jalon D. Il répète ensuite la même opération au point C, et fait planter un jalon E.

Fig. 56.

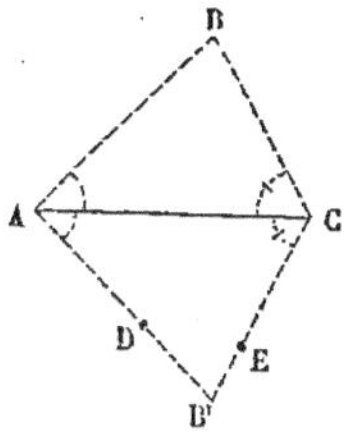

Il s'agit maintenant de trouver le point d'intersection des deux droites AD et CE. Ceci est très-facile quand le point d'intersection est au delà des jalons; l'aide partant du jalon D recule sur l'alignement AD, il s'arrête quand il arrive sur l'alignement CE et plante un jalon au point d'intersection B'. Si le point d'intersection est entre les jalons, on pourra planter des jalons intermédiaires. Les triangles ACB, ACB' sont égaux comme ayant un côté égal adjacent à deux angles égaux; donc la distance cherchée AB est égale à AB'. On mesurera enfin, à l'aide de la chaîne, la longueur AB'.

75. Troisième méthode. Si l'on n'a pas de graphomètre, mais une équerre d'arpenteur, on procédera de la manière suivante :

Avec l'équerre, menez en A (fig. 57) une perpendiculaire à la ligne AB; faites placer sur cette droite un premier jalon en C et un second en A', à des distances égales AC et CA'. En A', avec l'équerre, menez une perpendiculaire A'E à A'A. Placez un jalon D sur le prolongement de BC, et cherchez le point B' où se rencontrent les deux droites CD, A'E. Les triangles CA'B', CAB sont égaux comme ayant un côté égal adjacent à deux angles égaux chacun à chacun (CA'=CA, A'CB'=ACB, CA'B'=CAB); donc la distance AB est égale à la distance A'B' que l'on mesurera avec la chaîne.

Fig. 57.

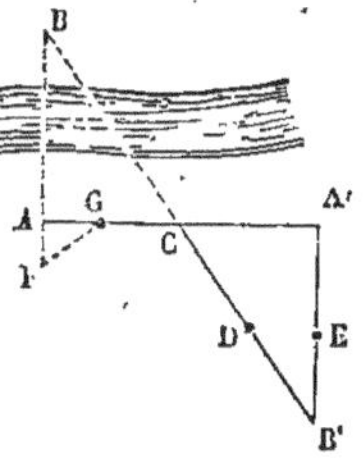

74. Si vous n'avez pas d'équerre, la chaîne seule peut suffire à l'application de cette dernière méthode.

Pour mener au point A la perpendiculaire AA' à AB, prenez sur le prolongement de BA une longueur AF égale à 3 mètres; fixez avec une fiche ou un jalon une poignée de la chaîne en F, fixez de même en A l'anneau de cuivre distant de 1 mètre de l'autre poignée; prenez à la main l'anneau qui divise la chaîne en deux parties égales. Éloignez-vous des points A et F, de manière à tendre les deux portions de la chaîne fixées aux points A et F; soit G le point du sol où doit être placé le centre de cet anneau pour que les deux portions de la chaîne soient parfaitement tendues.

Dans le triangle GAF, $GF = 5^m$, $GA = 4^m$, $AF = 3^m$; or, $5^2 = 4^2 + 3^2$, donc $\overline{FG}^2 = \overline{AG}^2 + \overline{AF}^2$, donc le triangle est rectangle en A, et AG est perpendiculaire sur AF.

Prenez sur AG les points C et A' comme précédemment; au point A', élevez par le même procédé une perpendiculaire à A'A, et continuez comme précédemment.

Trouver la hauteur d'un bâtiment dont le pied est accessible.

75. Soit AB (fig. 58) la hauteur à mesurer. On trace et on mesure sur le sol une droite horizontale AC; on place le graphomètre en C, on rend le plan du limbe vertical, et la ligne de visée de l'alidade fixe horizontale, ou, ce qui revient au même, la ligne qui passe par le centre et par la division 90° du limbe verticale. Cette dernière condition sera remplie, si un fil à plomb, passant devant la division 90° du limbe, passe devant le centre de l'instrument. L'instrument ainsi disposé, on dirige l'alidade mobile vers le point B, et on lit l'angle BC'A' formé par les deux alidades. On connaît ainsi, dans le triangle rectangle BA'C', le côté A'C' = AC, et l'angle A'C'B; on peut donc construire à une échelle convenable un triangle semblable sur le papier, et mesurer avec l'échelle la distance A'B;

Fig. 58.

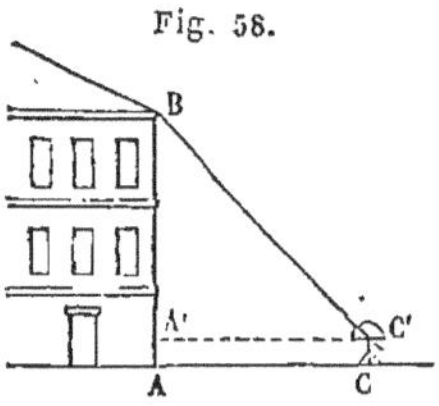

en y ajoutant la hauteur du graphomètre CC′=AA′, on aura la hauteur AB.

Le graphomètre n'étant pas spécialement destiné à la mesure des angles situés dans un plan vertical, il est bien difficile d'obtenir avec cet instrument une bonne détermination de l'angle BC′A′ et, par suite, de la hauteur AB. Toutefois, si l'on veut diminuer l'influence de l'erreur commise dans la mesure de l'angle BC′A′ sur la valeur de A′B, il faut, dans la pratique, choisir le point C de manière que l'angle BC′A′ soit à peu près égal à 45 degrés.

Mesurer la hauteur d'une montagne au-dessus de la plaine.

76. Une mire A étant plantée au sommet de la montagne, on trace dans la plaine une ligne horizontale BC (fig. 59) que l'on mesure avec soin. On place le graphomètre au point C, et on oblique le limbe de manière que son plan coïncide avec le plan du triangle ACB. Dirigeant l'alidade fixe vers B, l'alidade mobile vers le sommet A de la montagne, on mesure l'angle ACB en vraie grandeur, c'est-à-dire non réduit à l'horizon. On transporte ensuite le graphomètre au point B, et, amenant le limbe dans le plan ABC, on mesure de la même manière l'angle ABC. Avec ces deux angles et la longueur BC, on construira sur le papier le triangle ABC, et on déterminera la distance BA. Imaginons que du sommet A de la montagne on abaisse une perpendiculaire AP sur la surface de la plaine; dans le plan vertical APB, l'angle ABP est l'angle que fait le rayon visuel BA avec sa projection horizontale. On mesurera cet angle comme nous l'avons expliqué dans la question précédente. Le graphomètre étant placé en B, le plan du limbe rendu vertical et passant par A, l'alidade fixe rendue horizontale, on dirigera l'alidade mobile vers le sommet A de la montagne, et on lira l'angle ABP.

Fig. 59.

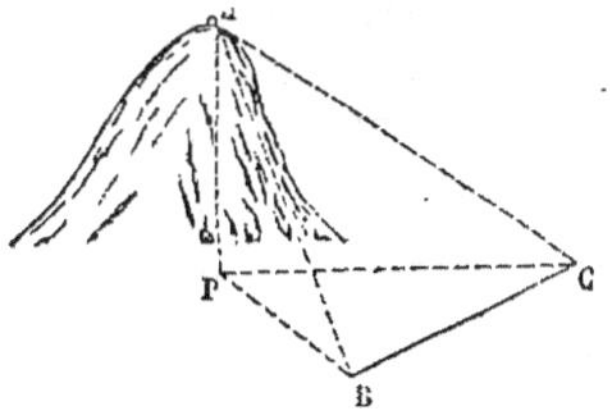

Au moyen de cet angle et du côté BA, on construira sur le papier le triangle rectangle APB, et on aura ainsi le côté AP, élévation du sommet de la montagne au-dessus de la plaine.

Mesurer la distance de deux points inaccessibles.

77. Première méthode. Soit à mesurer la distance de deux points A et B (fig. 60), dont on ne peut approcher, dont on est séparé, je suppose, par une rivière. On trace et on mesure sur le sol une base horizontale CD. On place le graphomètre en C, et on mesure les angles ACD, BCD. On place ensuite le graphomètre en D, et on mesure les angles ADC, BDC. Les deux triangles ACD, BCD, étant déterminés par un côté et les deux angles adjacents, on construit à une échelle convenable sur le papier deux triangles *acd*, *bcd*, semblables à ceux-ci, et on mesure sur le papier, à l'aide de l'échelle, la distance *ab*.

Fig. 60.

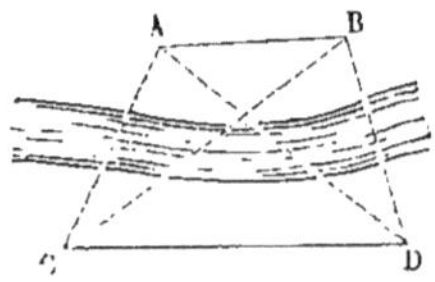

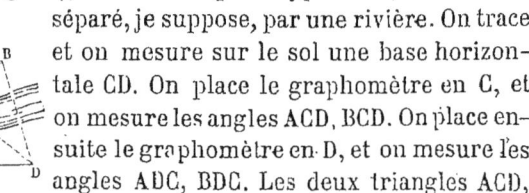

78. Deuxième méthode. On peut encore sur un terrain uni et découvert éviter l'emploi des constructions graphiques et mesurer sur le terrain même une longueur égale à AB.

Fig. 61.

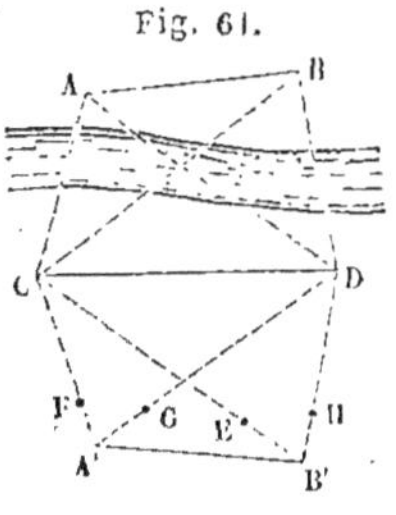

Pour cela, on détermine avec le graphomètre des lignes telles, que l'angle DCE (fig. 61) soit égal à l'angle DCB, et l'angle DCF égal à l'angle DCA. On détermine de même les lignes DG et DH, telles, que CDG = CDA, CDH = CDB. On cherche ensuite sur le terrain le point A', intersection des droites CF et DG, et le point B', intersection de CE et DH; puis on mesure la ligne A'B'. Les triangles ACD et A'CD, BCD et B'CD sont égaux, comme ayant un côté égal adjacent à deux angles égaux chacun à chacun. Il en résulte que les triangles ACB et A'CB' sont aussi égaux, et, par suite, les longueurs AB et A'B' sont égales.

79. Troisième méthode. On peut aussi résoudre le problème en employant l'équerre au lieu du graphomètre.

On choisit arbitrairement le point C (fig. 62), et avec l'équerre on élève en C une perpendiculaire CD à AC. On cherche avec l'équerre le pied D de la perpendiculaire abaissée du point B sur CD. On prend le point O au milieu de CD, et on cherche sur le terrain le point A', intersection des droites BD et AO, et le point B', intersection des droites AC et BO. Les triangles AOC et A'OD, BOD et B'OC sont égaux, comme ayant un côté égal adjacent à deux angles égaux chacun à chacun. On en déduit aisément l'égalité des triangles AOB et A'OB', et par suite l'égalité des lignes AB et A'B'. Il suffit donc de mesurer A'B' à la chaîne.

Fig. 62.

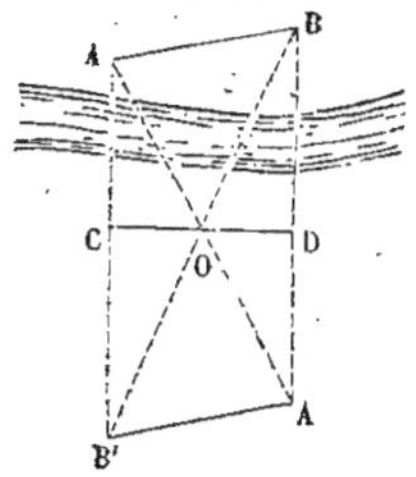

Prolonger une droite au delà d'un obstacle qui arrête la vue.

80. Soit une droite AB (fig. 63), tracée sur le terrain, et que l'on veut prolonger au delà d'un obstacle M. On trace sur le terrain une droite AL passant à côté de l'obstacle. En un point b de cette droite, on élève une perpendiculaire qui va rencontrer la droite AB au point B. On choisit le point b, de manière que le point B soit le plus loin possible de A en avant de l'obstacle. On mesure les lignes Ab et bB ; soient $Ab = 15^m$ et $Bb = 6^m,8$. On prend ensuite sur AL un second point c tel, que la perpendiculaire cC, élevée en ce point sur AL, passe de l'autre côté de l'obstacle ; soit $Ac = 28^m$; on calcule la distance cC du point c au point où cette perpendiculaire rencontre le prolongement de AB. Les triangles ACc, ABb étant semblables, on a :

Fig. 63.

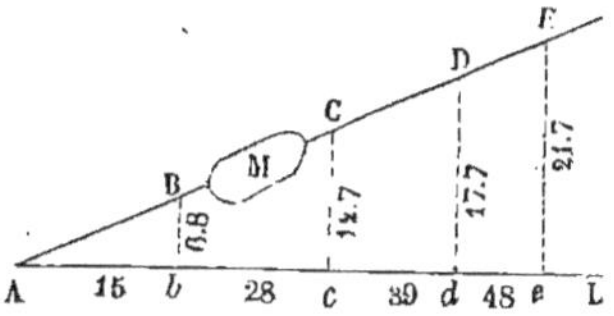

$$\frac{Cc}{Ac} = \frac{Bb}{Ab} \text{ ou } \frac{Cc}{28} = \frac{6,8}{15} = 0,453 ; \quad \text{d'où} \quad Cc = 0,453 \times 28 = 12^m,7.$$

On portera sur Cc, à partir de c, une longueur égale à $12^m,7$, et on déterminera ainsi le point C, situé sur le prolongement de AB. On déterminera de la même manière d'autres points D, E, situés aussi sur le prolongement de AB, en prenant, par exemple,

$$Ad = 39^m, \quad Dd = 0,453 \times 39 = 17^m,7;$$
$$Ae = 48^m, \quad Ee = 0,453 \times 48 = 21^m,7.$$

On plantera des jalons en ces trois points, qui devront se trouver en ligne droite.

81. On est souvent tenté, pour éviter tout calcul, de résoudre le problème en construisant avec l'équerre et la chaîne un rectangle BCDE (fig. 64), dont les trois côtés BC, CD, DE ne rencontrent pas l'obstacle. On élèverait en B une perpendiculaire BC à AB, en C une perpendiculaire CD à BC, en D une perpendiculaire DE à CD; on prendrait DE = BC, et on élèverait en E une perpendiculaire EF à DE; cette ligne EF serait le prolongement de AB. Mais ce serait là une très-mauvaise manière d'opérer, parce que la moindre erreur dans la direction de l'une des quatre perpendiculaires, surtout dans la direction de la première, changerait notablement la direction de la ligne cherchée EF.

Fig. 64.

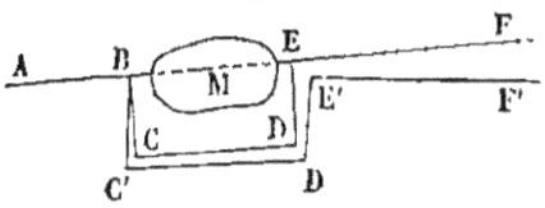

Dans la méthode que nous avons indiquée, au contraire, une petite erreur dans la direction des perpendiculaires ne produit qu'un déplacement insignifiant des points C, D, E, et n'altère pas sensiblement la position de la droite CDE.

Par trois points donnés mener une circonférence, lors même qu'on ne peut approcher du centre.

82. Soient A, B, C les trois points donnés.

Placez un graphomètre en A (fig. 65), dirigez vers C l'alidade fixe; faites tourner l'alidade mobile de 5^0, 10^0, 15^0,..., vers la gauche, et faites planter les jalons a', a'', a''',..., dans ces diverses directions; faisant de même tourner l'alidade mobile de 5°, 10°, 15°,..., vers la droite, faites planter les jalons a_1', a_1'', a_1''',.... Transportez ensuite le graphomètre en B, dirigez l'alidade fixe vers C, et faites de même planter les jalons en b', b'', b''',..., b_1', b_1'', b_1''',..., à 5°, 10°, 15°,..., vers la gauche ou vers la droite. Cherchez enfin sur le terrain les points C′, C″, C‴,...; C_1', C_1'', C_1''',..., où se rencontrent les droites Aa' et Bb', Aa'' et Bb'', Aa''' et Bb''',...; Aa_1' et Bb_1', A_1'' et B_1'',...; ces points appartiendront à la circonférence demandée.

Fig. 65.

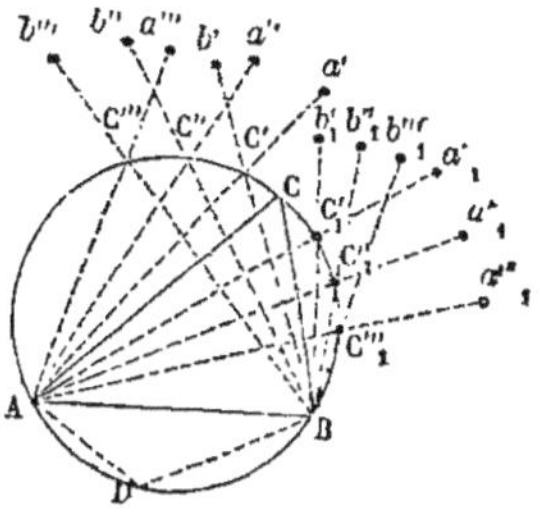

En effet, considérons un quelconque de ces points, C″ par exemple; on a

$$
\begin{array}{r}
C''AB = CAB + 10^0 \\
C''BA = CBA - 10^0 \\
\hline
C''AB + C''BA = CAB + CBA
\end{array}
$$

La somme des deux angles à la base du triangle C″AB étant égale à la somme des angles à la base du triangle CAB, l'angle C″ est égal à l'angle C; donc le point C″ est sur l'arc du segment capable de l'angle C décrit sur AB, c'est-à-dire sur la circonférence qui passe par les trois points A, B, C.

Quant à l'arc ABD, vous en construirez, par la même méthode, et des mêmes stations A et B, autant de points que vous voudrez, en remarquant que l'angle ADB est le supplément de l'angle ACB, et, par conséquent, que la somme des angles DAB, DBA est le supplément de la somme des angles CAB, CBA.

Pour obtenir la meilleure détermination possible des points ainsi construits, vous observerez quel est celui des angles du triangle ABC qui diffère le moins de 90°, et vous prendrez les sommets des deux autres angles pour points de station.

La détermination du point d'intersection C″ des deux droites Aa'' et Bb'' s'effectue très-rapidement quand il y a deux opérateurs et un aide. L'un des opérateurs se place en A et vise dans la direction Aa'', l'autre se place en B et vise dans la direction

Bb''; l'aide s'avance sur la droite $a''A$, guidé par les indications du premier opérateur, jusqu'à ce que le second opérateur le voie dans l'alignement Bb''; alors il plante un jalon au point d'intersection C''.

Raccordement de deux droites.

83. Lorsqu'une route, un canal, ou un chemin de fer doit changer de direction, on peut raccorder les deux portions droites par une circonférence tangente à ces deux droites et d'un rayon donné suffisamment grand. Soit O le point d'intersection des deux droites, il faut d'abord trouver les points de contact A et B (fig. 66). Portons sur ces droites à partir du point O des longueurs égales Oa et Ob, et aux points a et b élevons sur ces droites des perpendiculaires dont nous chercherons le point d'intersection c; mesurons bc. Si l'on imagine que l'on décrive du point c comme centre avec un rayon égal à cb une circonférence, elle sera tangente à ces deux droites aux points a et b. Soit C le centre de la circonférence que l'on veut tracer; les triangles semblables OBC, Obc donnent les rapports égaux

Fig. 66.

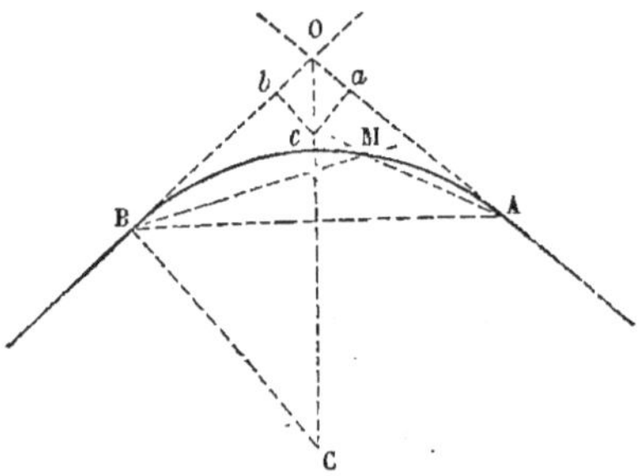

$$\frac{OB}{Ob} = \frac{BC}{bc},$$

d'où l'on déduit la valeur de OB, puisque le rayon BC est donné. On calculera donc cette longueur et on la portera à partir du point O sur les deux droites, ce qui donnera les points A et B, où s'effectue le raccordement. Mais, pour tracer la courbe, on ne peut, en général, se servir du centre à cause de son éloignement; il faut recourir à un autre procédé.

Soit M un point quelconque de la circonférence, l'angle OAB, formé par une tangente et une corde, a pour mesure la moitié de l'arc AMB (théorie, liv. II); les angles inscrits BAM, ABM ont pour mesure la moitié des arcs MB et MA, ensemble la moitié de l'arc AMB; ainsi la somme des deux angles BAM, ABM est égale à l'angle OAB. Plaçant le graphomètre en A et dirigeant l'alidade fixe vers le point O, on tracera des droites telles que AM; transportant ensuite le graphomètre en B, et dirigeant l'alidade fixe vers le point A, on fera l'angle ABM égal à OAM; le point d'intersection M de ces deux droites appartiendra à la circonférence cherchée; car, l'angle ABM étant égal à OAM, la somme des deux angles ABM, BAM est bien égale à l'angle OAB. On déterminera ainsi autant de points que l'on voudra de la courbe de raccordement AMB.

Trouver le rayon d'une tour, d'une enceinte circulaire, dans laquelle on ne peut pas pénétrer.

84. Première méthode. Plantez sur le terrain trois jalons A, B, C (fig. 67), aux sommets d'un triangle ABC circonscrit au cercle dont on demande le rayon, et déterminez ce triangle en mesurant soit ses trois côtés, soit un côté et deux angles. Construisez sur le papier un triangle semblable à une échelle convenable, inscrivez un cercle dans ce triangle, et mesurez à l'aide de l'échelle le rayon du cercle.

Fig. 67.

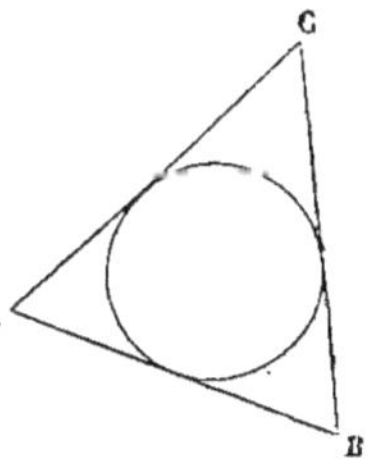

Fig. 68.

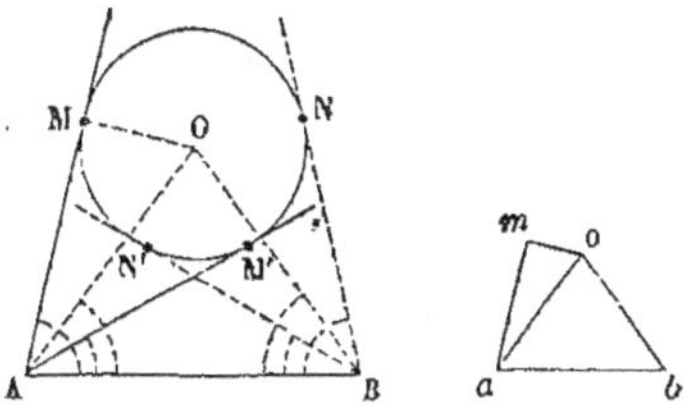

Deuxième méthode, applicable lors même qu'on ne peut approcher du cercle. Tracez et mesurez sur le sol une base AB (fig. 68), mesurez les angles MAB, M'AB, formés par AB et les tangentes au cercle menées du point A;

la demi-somme de ces deux angles est égale à l'angle OAB, que fait avec AB la droite qui va du point A au centre O du cercle, car cette droite est bissectrice de l'angle MAM'. Mesurez de même les angles NBA, N'BA, dont la demi-somme est égale à l'angle OBA. Le triangle AOB est déterminé par un côté et deux angles adjacents.

Construisez à une échelle convenable le triangle *aob*, semblable à AOB ; prenez l'angle *bam* égal à l'angle BAM ; du point *o*, abaissez une perpendiculaire sur *am*, et mesurez cette perpendiculaire *om* à l'aide de l'échelle ; vous aurez la longueur du rayon cherché OM.

Trois points A, B, C étant situés sur un terrain uni et rapportés sur une carte, déterminer sur cette carte le point P, d'où les distances AB et AC ont été vues sous des angles qu'on a mesurés.

85. Soient α et β (fig. 69) les angles sous lesquels du point P ont été vues les distances AB et AC. Le point P est sur l'arc du segment capable de l'angle α décrit sur AB ; il est aussi sur l'arc du segment capable de l'angle β décrit sur AC. Décrivons ces deux arcs ; les deux circonférences se coupent au point P, qui est le point cherché.

S'il arrive que $BAC + \alpha + \beta = 180^0$, le quadrilatère PBAC est inscriptible ; les arcs des deux segments se confondent, et le point P est un quelconque des points de la circonférence passant par les trois points A, B, C ; pour le déterminer, il faut mesurer l'angle sous lequel on voit de ce point une nouvelle droite terminée en l'un des points A, B, C.

Fig. 69.

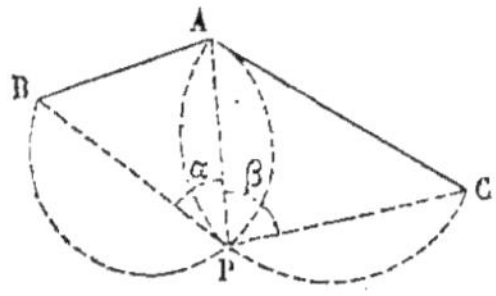

On peut joindre ce procédé à ceux que nous avons indiqués dans les chapitres précédents, pour déterminer la position d'un point par rapport à d'autres points déjà déterminés, et en faire usage soit dans le levé des plans, soit dans la construction des cartes. Un ingénieur hydrographe, ayant à construire la carte des écueils et des fonds d'une côte, déterminera ainsi très-facilement la position du point où il pratique un sondage, par rapport à trois points fixes A, B, C de la côte, en mesurant les angles sous lesquels on voit de ce point les distances AB et AC.

CHAPITRE IX.

ARPENTAGE.

Notions sur l'arpentage. — Cas où le terrain est limité, dans une de ses parties, par une ligne courbe.

86. Arpenter un terrain, c'est en mesurer la superficie. Si le terrain est limité par un contour rectiligne, on peut décomposer le polygone en triangles (fig. 70 et 71), et mesurer avec la chaîne et l'équerre la base et la hauteur de chaque triangle et par suite celle du polygone.

Mais il y a presque toujours avantage à décomposer le polygone en trapèzes rectangles et en triangles rectangles, en

Fig. 70.

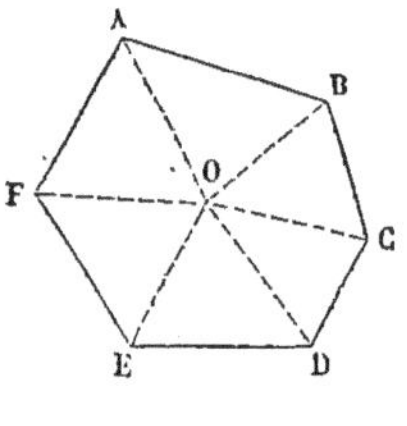

Fig. 71.

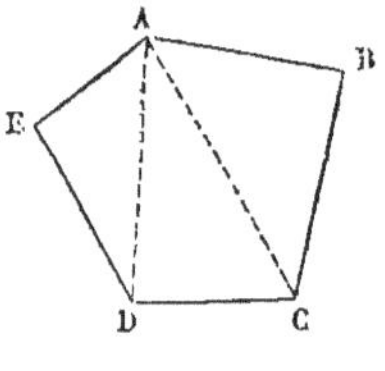

abaissant de tous les sommets des perpendiculaires sur une même droite, qui traverse le polygone dans le sens de sa plus grande longueur. On choisira cette droite de manière qu'on puisse la mesurer facilement ; cette droite sera une diagonale AE du polygone (fig. 72), ou une base quelconque MN (fig. 73).

On détermine avec l'équerre les pieds des perpendiculaires ; on mesure avec la chaîne ces perpendiculaires et les portions de la base comprises entre ces différentes perpendiculaires, ce qui suffit pour le calcul de la surface du terrain. En effet, un trapèze rectangle $BbCc$ (fig. 72) a pour mesure la demi-somme de ses bases parallèles multipliée par sa hauteur, c'est-à-dire

$\frac{1}{2}$ (Bb + Cc) × bc; un triangle rectangle ABb a pour mesure la moitié du produit de sa base par sa hauteur, soit $\frac{1}{2}$ Ab × Bb.

Fig. 72.

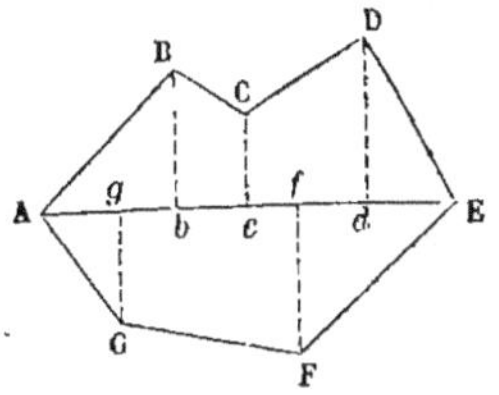

Fig. 73.

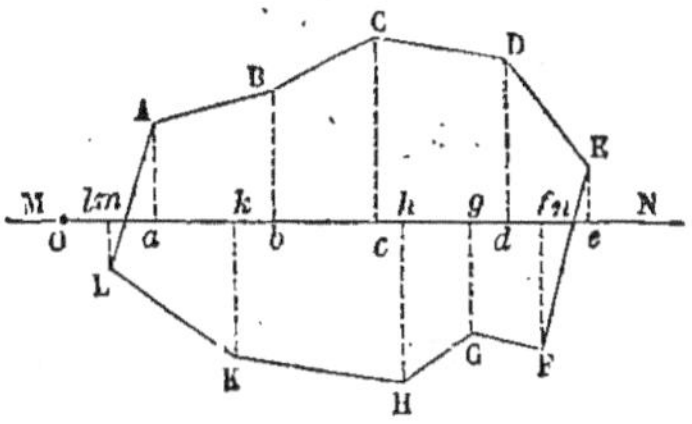

Mais, pour éviter de mesurer plusieurs fois la même longueur, et pour opérer avec exactitude, il convient de mesurer, comme nous l'avons expliqué, à propos du levé à l'équerre. les distances des pieds des perpendiculaires à un même point de la base, à l'aide d'une chaîne tendue sur la base, et de mesurer les longueurs des perpendiculaires avec une autre chaîne. Un croquis fait à main levée représente les constructions effectuées sur ce terrain, et les résultats des mesures sont inscrits avec soin sur le croquis. On peut encore, si l'on veut, mettre des lettres aux différents sommets du polygone et à leurs projections sur la base, et inscrire les résultats dans un tableau à côté du croquis.

87. Lorsque le terrain est limité par une ligne courbe dans une de ses parties (fig. 74), on choisit sur cette courbe des points assez rapprochés P, Q, R, S, pour que l'arc de courbe compris entre deux points consécutifs ne s'écarte pas beaucoup de la droite qui les joint, et de ces points on abaisse des perpendiculaires sur la ligne transversale prise pour base. A la surface curviligne on substitue la somme des trapèzes rectangles qui en diffère très-peu.

Fig. 74.

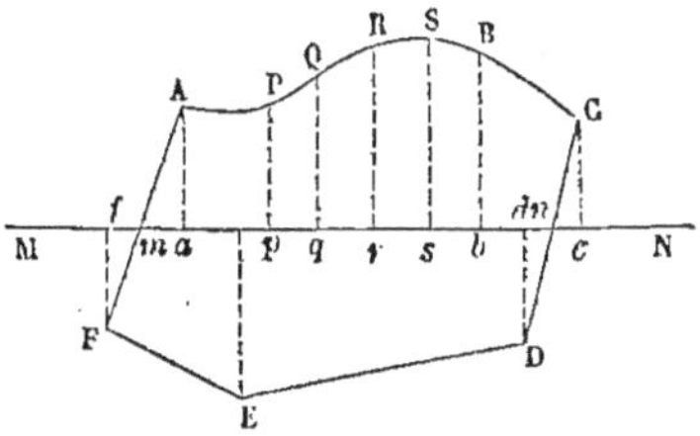

Comme exemple d'arpentage, nous citerons la prairie dont

la figure 4, planche II, représente le croquis. Le plan ayant été levé à l'équerre, toutes les mesures nécessaires à l'évaluation de l'aire ont été prises. Nous ferons remarquer la manière dont les cotes, pour éviter toute confusion, ont été inscrites sur le croquis. Les distances sur la grande base AB ont été comptées à partir du point A; on a écrit la distance du point A au pied de chaque perpendiculaire, en travers, vis-à-vis cette perpendiculaire, et en quelque sorte sur son prolongement; les longueurs des perpendiculaires ont été écrites sur les perpendiculaires elles-mêmes. Par des soustractions, on obtient facilement les portions de la base; mais il est inutile de les écrire sur le croquis. Pour l'évaluation de l'aire, nous avons désigné par une lettre chaque portion dont la somme forme l'aire totale; ici toutes les portions sont additives.

Les portions désignées par les lettres *b*, *c*, *d*,...., ont été assimilées à des trapèzes; les portions *e*, *p*, *r*,...., à des triangles; la portion *u* à un rectangle.

Voici le tableau du calcul :

$$a = \frac{40,3 \times 23}{2} = 463,45$$

$$= \frac{(40,3 + 28)34}{2} = 1161,10$$

$$c = \frac{(28 + 33,2)29}{2} = 882,40$$

$$d = \frac{(33,2 + 26,8)\,24,7}{2} = 741,00$$

$$e + p = \frac{(16 + 17,4)25}{2} = 417,50$$

$$f = \frac{17,3 \times 5,1}{2} = 44,12$$

$$g = \frac{(11,2 + 9,8)4}{2} = 42,00$$

$$h = \frac{(9,8 + 23)16}{2} = 262,40$$

A reporter...... 4013,97

Report...... 4013,97

Rectangle $i = 10 \times 16,5 = 165,00$

$$k = \frac{(10 + 36,5)28,5}{2} = 662,62$$

$$l = \frac{(36,5 + 23,2)15}{2} = 447,75$$

$$m = \frac{(23,2 + 27,4)18}{2} = 455,40$$

$$n = \frac{(27,4 + 17)12,7}{2} = 281,94$$

$$o = \frac{17 \times 13,8}{2} = 117,30$$

$$q = \frac{(1 + 22,5)17}{2} = 199,75$$

$$r = \frac{22,5 \times 16}{2} = 180,00$$

$$s = \frac{(16,5 + 4,7)18}{2} = 190,80$$

$$t = \frac{(4,7 + 17,4)18}{2} = 198,90$$

$$u = 17,4 \times 7,8 = 135,72$$

$$a' = \frac{17,3 \times 13,2}{2} = 114,18$$

$$b' = \frac{(13,2 + 5,1)8}{2} = 73,20$$

$$c' = \frac{(5,1 + 10)7}{2} = 52,85$$

$$d' = \frac{(10 + 4)8}{2} = 56,00$$

$$e' = \frac{(4 + 8,3)9}{2} = 55,35$$

$$f' = \frac{(8,3 + 5,6)8,7}{2} = 60,47$$

$$g' = \frac{5,6 \times 4,5}{2} = 12,60$$

Total...... 7473,80

Les erreurs partielles étant les unes par excès, les autres par défaut, se compensent en partie, et l'on a ainsi l'aire totale avec une approximation suffisante. Elle est de 76 ares 3 centiares.

88. Quand on veut mesurer une aire curviligne, on partage quelquefois la base ab (fig. 75) en un certain nombre de parties égales, et par les points de division p, q, r,...., on élève des perpendiculaires. Si l'on désigne par h la longueur d'une des divisions, par y_1, y_2,..., y_n les longueurs des perpendiculaires abaissées des points A, P, Q,..., B sur MN, la somme des trapèzes rectangles ainsi obtenus peut être calculée très-simplement. Elle est égale en effet à

Fig. 75.

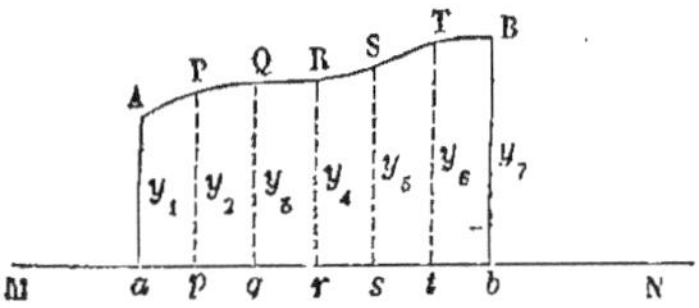

$$\frac{h}{2}(y_1+y_2)+\frac{h}{2}(y_2+y_3)+\frac{h}{2}(y_3+y_4)\ldots.+\frac{h}{2}(y_{n-1}+y_n),$$

ou, ce qui revient au même, à

$$\frac{h}{2}(y_1+y_2+y_2+y_3+y_3+y_4+y_4\ldots.+y_{n-1}+y_{n-1}+y_n),$$

ou $$\frac{h}{2}[2(y_1+y_2+y_3\ldots.+y_n)-(y_1+y_n)].$$

Si l'on désigne par Y la somme de toutes les perpendiculaires, l'expression précédente devient

$$h\times\left[Y-\frac{y_1+y_n}{2}\right].$$

Ainsi, *quand la base a été divisée en parties égales, on obtient l'aire cherchée en multipliant la longueur d'une division de la base par la somme de toutes les perpendiculaires, diminuée de la demi-somme des deux perpendiculaires extrêmes.*

89. Enfin, si le terrain dont on veut mesurer la superficie est couvert de récoltes, dans lesquelles on ne peut pénétrer sans dommage, si c'est un bois fourré, un étang, etc., on trace sur le sol un rectangle, ou un trapèze, dont le contour enveloppe le terrain qu'il s'agit de mesurer. La surface du terrain est la différence entre la surface du rectangle ou du trapèze tracé sur le sol et la surface comprise entre son contour et le contour du terrain. La première s'obtient aisément. Quant à la seconde, que le contour du terrain soit rectiligne ou curviligne, on peut toujours la décomposer en trapèzes rectangles, en rectangles et en triangles rectangles, faciles à mesurer.

Fig. 76.

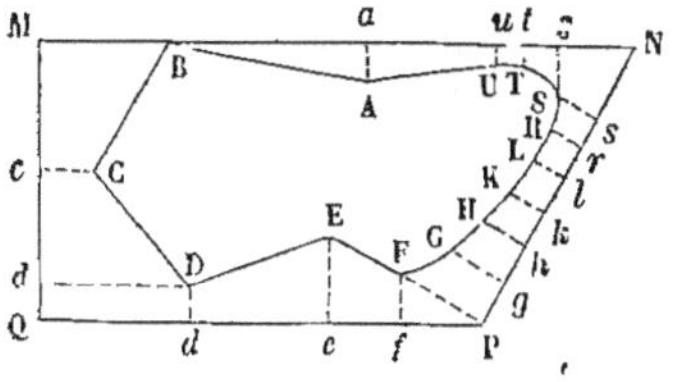

Par exemple, pour évaluer l'aire de l'étang ABCDEF (fig. 76), on trace sur le sol le trapèze rectangle MNPQ qui l'enveloppe. Des points A, B, C, D, E, F on abaisse sur les côtés des perpendiculaires, à l'aide desquelles on décompose la surface comprise entre le trapèze et la portion rectiligne ABCDEF du contour de l'étang. Il reste la surface comprise entre FP, PN, N*a*, *a*A, et la courbe FA, que l'on décomposera de même par des perpendiculaires, comme nous l'avons expliqué.

APPENDICE.

TRIANGULATION.

Mesure des bases au moyen des règles. — Description et usage du cercle. — Répétition des angles. — Réduction des angles au centre des stations. — Usages de la planchette et de la boussole pour le levé des détails.

Mesure des bases au moyen des règles.

90. Jusqu'ici nous avons mesuré les longueurs avec la chaîne, les angles avec le graphomètre. Ces instruments suffisent pour le levé des plans ordinaire; mais, quand il s'agit d'opérations géodésiques exécutées sur une grande étendue de pays, sur une province ou un département, il faut avoir recours à des instruments beaucoup plus précis.

Pour mesurer une base avec une grande précision, on remplace la chaîne par des règles de sapin bien droites. On emploie ordinairement deux règles de quatre mètres. Chacune d'elles se compose de deux parties réunies bout à bout par une charnière, qui permet de les replier l'une sur l'autre, afin de les rendre moins embarrassantes et plus faciles à transporter. Ces règles ne se placent pas directement sur le sol, mais sur des pièces de bois parfaitement dressées, et portées par des trépieds à vis qui les maintiennent dans une position convenable. Lorsqu'une règle est placée, on dispose les supports qui doivent porter la suivante, et on place celle-ci à la suite de la précédente, dans l'alignement et à même hauteur au-dessus du sol. Toutefois, on ne la met pas en contact immédiat, de crainte qu'un léger choc ne déplace la règle précédemment installée. On mesure le petit intervalle

Fig. 77.

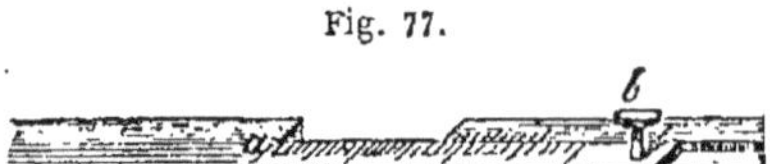

compris entre les extrémités des deux règles à l'aide d'une languette *a* qui se meut dans une coulisse pratiquée à l'extrémité antérieure de chaque règle (fig. 77); un bouton *b* que l'on tourne permet de donner un mouvement lent à cette languette et de l'amener doucement au contact avec la règle suivante.

Cette languette est divisée en millimètres, et un vernier tracé sur la règle permet d'évaluer les dixièmes de millimètre.

Quelle que soit la forme du terrain, à l'aide des trépieds à vis qui supportent les règles, on pourrait toujours rendre chacune de ces règles horizontale; mais, comme ces règles doivent être placées bout à bout, et par suite à peu près à même hauteur au-dessus de la surface du sol, on ne les rend horizontales que lorsque le terrain est à peu près horizontal. Dès qu'il a une pente sensible, on place les règles à la suite l'une de l'autre à peu près à la même hauteur au-dessus du sol, sans chercher à les rendre horizontales; en multipliant la longueur de la règle, y compris la réglette, par le cosinus de l'angle d'inclinaison, on calcule la projection horizontale de la longueur mesurée.

91. Pour mesurer l'inclinaison d'une des règles sur l'horizon, on se sert d'un petit instrument très-ingénieux. C'est un niveau analogue à celui des maçons. Un châssis AOB (fig. 78), ayant la forme d'un triangle isocèle, porte une alidade O*d* mobile autour du point O dans le plan du triangle; elle est terminée par un vernier circulaire, et porte un petit niveau à bulle *mn*, disposé de manière que la bulle s'arrête au milieu du tube, quand la droite qui passe par le point O et le zéro du vernier est verticale; enfin ce vernier glisse à l'intérieur d'un arc de cercle gradué *ab*, dont le zéro est sur la bissectrice de l'angle AOB, et qui est fixé au châssis par la traverse DE.

Fig. 78.

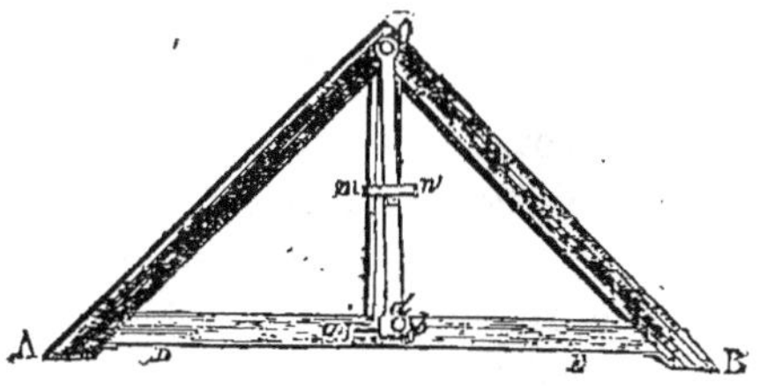

Lorsque les pieds A et B du châssis reposent sur un plan horizontal, la bulle du niveau s'arrête au milieu du tube quand le zéro du vernier coïncide avec celui de l'arc fixe.

Fig. 79.

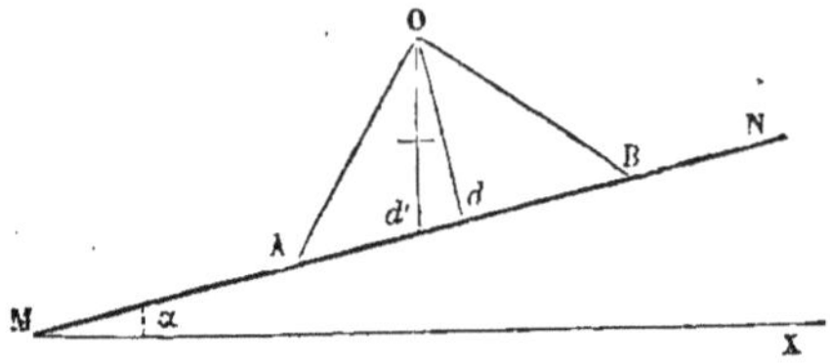

Si l'on applique les pieds du châssis sur un plan incliné MN (fig. 79), la bulle se déplace; on fera tourner doucement l'alidade mobile autour du centre O, jusqu'à ce que l'on voie la bulle revenir au milieu du tube *mn;* l'angle dont l'alidade a tourné, angle qu'on lit sur l'arc gradué *ab*, mesure l'inclinaison α du plan MN sur l'horizon. Car, dans sa première position O*d*, l'alidade était perpendiculaire à la ligne AB, et par conséquent au plan MN; dans sa seconde position O*d'*, elle est verticale; mais les angles *d*O*d'* et NMX sont égaux, comme ayant leurs côtés perpendiculaires chacun à chacun.

92. La mesure d'une base, telle que nous venons de la décrire, est toujours une opération très-longue et très-délicate. Elle exige beaucoup de soin. Elle n'est d'ailleurs praticable, et ne donne des résultats certains, que lorsque la droite à mesurer est sur un terrain uni, peu incliné, et ne présentant aucun obstacle. Dans les opérations géodésiques, on fait donc en sorte de n'avoir qu'une seule base à mesurer, et on la choisit dans la position la plus favorable. Pour cela, on couvre le pays d'un réseau de triangles dont on mesure les angles; au moyen de la base mesurée directement et des angles, on déduit successivement, et de proche en proche, par des calculs trigonométriques, les longueurs des côtés. Mais, pour que cette série de calculs puisse donner, avec une certaine exactitude, une longueur très-éloignée de la base mesurée, il est nécessaire, on le comprend, d'avoir les angles qui entrent dans ces calculs avec une très-grande précision.

Description et usage du cercle.

93. Le graphomètre ordinaire n'est pas un instrument de précision. L'alidade fixe ne pouvant être déplacée sans qu'on dérange l'instrument tout entier, il est très-difficile de l'amener bien exactement dans une direction déterminée; le mouvement de l'alidade mobile elle-même, ne s'effectuant qu'à la main, est brusque, et n'a pas la douceur voulue pour un bon pointé. Toutefois, lorsqu'on mesure des angles uniquement pour les rapporter sur le papier, les procédés graphiques ne permettant guère une approximation plus grande qu'un quart de degré dans la construction des angles, on peut se contenter de l'exactitude fournie par le graphomètre.

Il n'en est plus ainsi lorsqu'il s'agit des grandes opérations dont nous venons de parler. On emploie alors, pour mesurer les angles, un instrument plus précis, nommé *cercle*, dans lequel on a évité les causes d'erreur que nous avons signalées dans le graphomètre. Les mouvements y sont à volonté rapides ou lents, simultanés ou indépendants. De plus, l'alidade à pinnules, qui ne permet pas de viser à de grandes distances, est remplacée par une alidade à lunette.

La lunette, qui remplace l'alidade dans les instruments de topographie, se compose d'un tube noirc

Fig. 80.

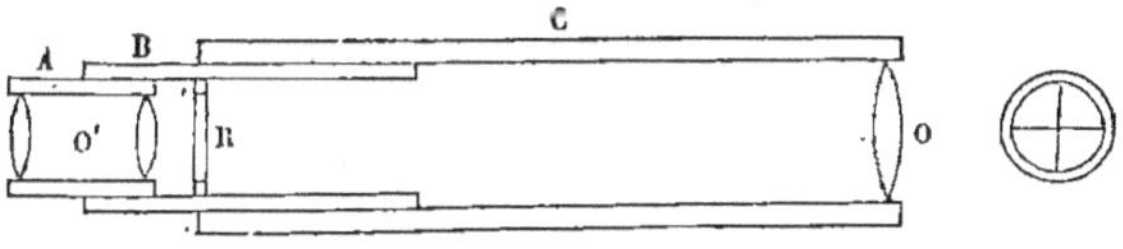

à l'intérieur et portant à l'une de ses extrémités une lentille O, appelée *objectif*, et à l'autre extrémité un système de lentilles O', appelé *oculaire* (fig. 80). Entre l'objectif et l'oculaire se trouve un anneau métallique R traversé par deux fils rectangulaires très fins, l'un horizontal, l'autre vertical; cet anneau, appelé *réticule*, est placé au foyer de l'objectif.

Avant de faire usage de la lunette, l'opérateur règle les positions respectives de l'oculaire, du réticule et de l'objectif, de manière à voir simultanément, le plus nettement possible, les fils du réticule et l'image de l'objet. A cet effet, le corps de la lunette se compose de trois parties, glissant à frottement l'une dans l'autre : la partie A qui porte l'oculaire, la partie B qui porte le réticule, et la partie principale C qui porte l'objectif. L'opérateur règle d'abord la position de l'oculaire par rapport au réticule, suivant sa vue; pour cela, il applique l'œil contre l'oculaire et déplace le tube A qui porte l'oculaire, jusqu'à ce qu'il voie les fils du réticule le plus nettement possible; il est commode dans cette opération de regarder le ciel. Il fait mouvoir ensuite la partie B, qui entraîne avec elle la partie A, de manière à amener le réticule dans le plan où se forme l'image d'un objet placé à une distance égale à la longueur moyenne des côtés du polygone topographique. Pour s'assurer que cette condition est remplie, il regarde l'image aussi obliquement que le lui permet la grandeur du trou de l'oculaire ; dans toutes les positions de l'œil, l'image doit coïncider avec les fils : s'il n'en est pas ainsi, le plan des fils est à une distance appréciable de l'image.

Une vis à tête saillante guide le mouvement de la partie B, quand on l'enfonce plus ou moins dans le corps C de la lunette. Cette vis n'est pas fixée directement au tube B, mais à un anneau de cuivre placé à l'intérieur de celui-ci; cet anneau cylindrique, fendu suivant une arête, fait ressort et s'appuie fortement contre la surface interne du tube; une petite rainure transversale, pratiquée dans ce tube et occupant environ la huitième partie de la circonférence, donne passage à la vis qui est fixée à cette pièce intérieure. Cette disposition permet de faire tourner le tube du réticule, à frottement dur, autour de la pièce intérieure de 45° environ, et de rendre l'un des fils du réticule horizontal et l'autre vertical. On s'assure que cette condition est bien remplie en amenant l'image d'un point visé sur le fil horizontal, puis en faisant tourner lentement la lunette sans changer son inclinaison : l'image ne doit pas quitter le fil horizontal.

On définit ordinairement l'*axe optique* d'une lunette la droite qui va du point de croisement des fils du réticule au centre de l'objectif. Quand on vise un point éloigné, on donne à la lunette une direction telle que l'image de ce point coïncide bien exactement avec le point de croisement des fils du réticule; l'axe optique prolongé passe alors au point visé. La lunette a une grande supériorité sur l'alidade ordinaire; d'une part, elle grossit les objets et permet de les distinguer plus nettement; d'autre part, la présence du réticule au foyer de la lunette donne au pointé une très grande précision; pour peu que l'on change la direction de l'axe de la lunette, on voit l'image du point visé s'écarter du point de croisement des fils.

94. L'instrument se compose essentiellement d'un cercle gradué AA (fig. 81), monté sur un pied qui permet de le rendre horizontal, et d'une lunette LL avec laquelle on peut viser dans toutes les directions. Le cercle AA est porté par une colonne creuse B implantée perpendiculairement à son plan, et mobile autour d'un axe qui la traverse; cet axe intérieur est porté à son tour par un petit pied à trois branches D, D', D'', avec lequel il fait corps. L'axe intérieur se prolonge au-dessus du cercle et porte une seconde colonne creuse B', indépendante de la première, et sur laquelle repose la lu-

Fig. 81.

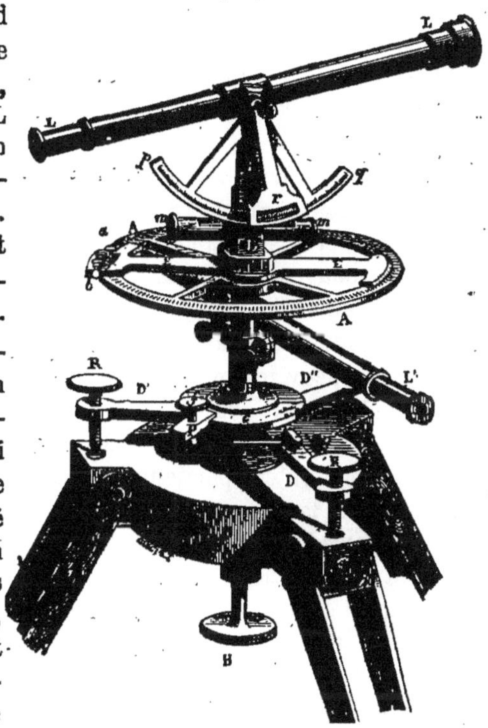

nette LL, mobile autour d'un petit axe perpendiculaire à l'axe de la colonne; à la colonne B′ sont fixés en outre un niveau à bulle *mm*, et une alidade EE munie de deux verniers. La projection de la ligne de visée de la lunette sur le plan du cercle passe par le centre du cercle et par les zéros des deux verniers de l'alidade. Lorsque l'axe est vertical, la bulle du niveau s'arrête au milieu du tube. La colonne B, à laquelle est fixé le cercle A, porte à sa partie inférieure un disque de cuivre C, parallèle au plan du cercle et faisant corps avec elle.

De cette manière, la colonne B′, et les pièces qu'elle porte (alidade EE, niveau *mm*, lunette LL), peuvent tourner librement, et indépendamment du cercle, autour de l'axe intérieur qui supporte tout l'appareil. La colonne B, avec les pièces qu'elle porte (cercle A et disque C), peut à son tour tourner librement, et indépendamment de la colonne supérieure B′, autour du même axe intérieur.

95. Une *vis de pression f* permet de fixer à volonté la colonne B à l'une des branches du trépied. Une *vis de rappel g* permet de donner ensuite à la colonne B, et aux pièces qu'elle supporte, un mouvement lent de rotation autour de l'axe intérieur. Voici comment : la longue vis *g*, portée par la branche D du trépied, pénètre dans un écrou fixé à la pince P ; cette pince est formée de deux mâchoires, qui se rapprochent l'une de l'autre quand on tourne la vis de pression *f* dans un certain sens, et qui, serrant fortement le disque C, le maintiennent immobile ; alors toute la partie inférieure de l'instrument, savoir le disque C, la colonne B et le cercle A qui font corps, sont en quelque sorte fixés invariablement au trépied. Si l'on veut imprimer à cette partie un mouvement très-lent, on tournera la vis de rappel *g* ; cette vis, étant fixée à la branche du trépied, ne peut avancer ni reculer ; alors c'est l'écrou qui avance ou recule; cet écrou entraîne la pince P à laquelle il est fixé, et la pince à son tour entraîne le disque C et toute la partie inférieure de l'instrument ; que si, au contraire, on desserre la vis de pression *f*, les deux mâchoires de la pince s'écartent l'une de l'autre, le disque C devient libre, et l'instrument reprend sa mobilité autour de l'axe intérieur.

Supposons la vis de pression *f* serrée et le cercle A rendu invariable. De même, une vis de pression *a* permet de fixer au cercle A la colonne supérieure B′ avec les pièces qu'elle supporte; une vis de rappel *b* permet de donner ensuite à toute la partie supérieure de l'instrument un mouvement très-lent, le cercle A restant immobile. La disposition est analogue à la précédente. L'alidade E se termine d'un côté par une pièce de cuivre percée d'une ouverture rectangulaire (fig. 82); sur cette pièce de cuivre est fixée la vis de rappel *b*; cette vis passe à travers un écrou fixé à une pince que l'on peut attacher au limbe du cercle A, au moyen de la vis de pression *a*. Quand la vis de pression *a* est serrée, l'alidade est fixée au limbe, et les deux parties de l'instrument rendues solidaires; si donc la vis de pression *f* a été préalablement serrée, l'instrument tout entier sera invariable. Si l'on veut imprimer à la partie supérieure un mouvement très-lent, on tournera la vis de rappel *b*; l'écrou étant fixe, c'est la vis qui avancera ou reculera, entraînant l'alidade, la colonne B′ et la lunette L. Que si, au contraire, on desserre la vis de pression *a*, la partie supérieure de l'instrument, n'étant pas liée à la partie inférieure, reprend sa mobilité.

Fig. 82.

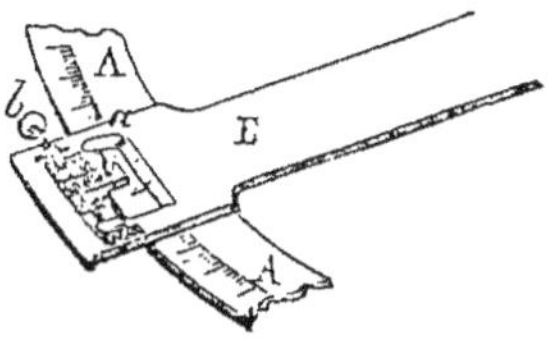

96. Pour opérer sur le terrain, on place le cercle sur une petite table de bois très-épaisse (fig. 82 *bis*), portée sur un pied à trois branches, très-solide. Dans cette table sont incrustées trois petites pièces de cuivre, dans lesquelles sont creusées des rainures destinées à recevoir les pointes des vis calantes R, R, R des branches D, D′, D″ de l'instrument (fig 81). Pour maintenir le cercle solidement attaché à la table, une forte vis de cuivre H traverse la table en son centre et s'engage dans un écrou pratiqué dans un disque de cuivre

Fig. 82 *bis*.

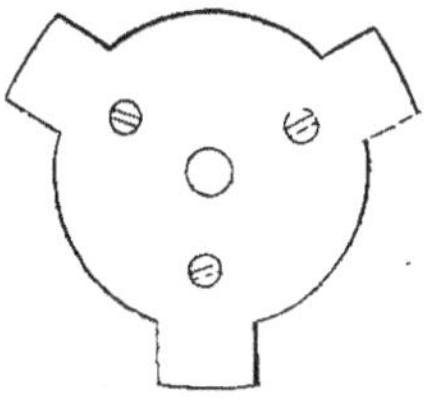

placé à la partie inférieure de l'instrument et faisant corps avec les trois branches de cuivre; un ressort à boudin, placé au-dessous de la table dans un cylindre de cuivre, tend à abaisser la tête de la vis et appuie ainsi fortement le cercle contre la table. Quand on a placé les vis calantes sur la table dans les petites rainures, on tourne la vis jusqu'à ce que le ressort à boudin soit assez comprimé pour maintenir l'instrument dans une immobilité parfaite.

Fig. 83.

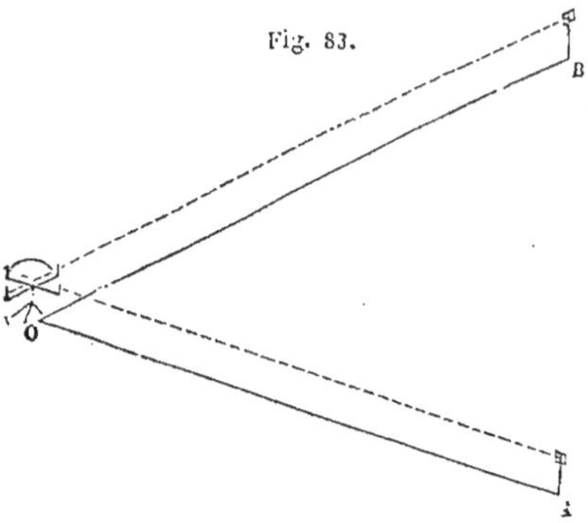

Quand on veut mesurer un angle AOB (fig. 83), on dispose les trois branches autour du sommet O, de manière que la table soit à peu près horizontale, et que le centre du cercle soit sur la verticale du point O, ce qu'on reconnaît avec un fil à plomb. Il faut alors rendre vertical l'axe du cercle. Pour cela, toutes les vis de pression étant desserrées, on amène le niveau *mm* au-dessus et dans la ligne de deux des vis calantes; on fait tourner ces deux vis en sens contraire, jusqu'à ce que la bulle du niveau s'arrête au milieu du tube. Cette condition remplie, l'axe est perpendiculaire à la ligne du niveau, c'est-à-dire à une horizontale passant par les deux premières vis. On fait tourner de nouveau l'instrument pour amener le niveau sur la perpendiculaire menée par la troisième vis calante à la ligne qui joint les deux premières, et on fait tourner cette troisième vis, sans toucher aux deux autres, jusqu'à ce que la bulle du niveau s'arrête au milieu du tube. Quand cette seconde condition est remplie, l'axe est perpendiculaire à une seconde horizontale; et comme il n'a pas cessé d'être perpendiculaire à la première, on est sûr qu'il est vertical. Voilà l'instrument en station.

On amène alors l'index de la lunette LL, c'est-à-dire le zéro de l'alidade, sur le zéro du cercle gradué. On serre la vis de pression *a*, et si la coïncidence des deux zéros n'est pas parfaite, on la produit en donnant à l'alidade un mouvement lent avec la vis de rappel *b*.—On fait tourner ensuite l'appareil entier de manière à diriger à peu près la lunette sur le côté OA qui est à droite, on fixe le cercle au pied de l'instrument en serrant la vis de pression *f*, et avec la vis de rappel *g* on dirige exactement la lunette dans la direction OA. — Puis, sans toucher au cercle A qui reste fixé au pied par la vis de pression *f*, on desserre la vis de pression *a* et on fait tourner la lunette pour l'amener à peu près dans la direction OB; on serre la vis *a*, et avec la vis de rappel *b* on amène exactement la lunette dans la direction voulue. On lit enfin sur le cercle gradué et avec le vernier l'angle dont l'alidade a tourné pour passer de la direction OA à la direction OB; c'est l'angle cherché.

97. Il est bon de faire deux lectures. L'alidade porte deux verniers, un de chaque côté; quand le zéro de l'un des verniers coïncide avec le zéro du cercle, le zéro de l'autre vernier coïncide avec la division 180°. De l'indication du second vernier on retranchera donc 180°. Si le cercle était parfaitement divisé, les deux verniers donneraient exactement le même angle; mais comme il peut y avoir de petites inégalités dans la graduation, on trouvera parfois une différence de une ou deux minutes. On prendra la moyenne entre les deux lectures.

Ordinairement le cercle est divisé en degrés et en demi-degrés, et les verniers donnent les minutes. Les divisions sont comptées de droite à gauche, de 0 à 360 degrés. Voilà pourquoi il est préférable de diriger d'abord l'alidade mise sur le zéro vers le jalon de droite, pour faire tourner ensuite la lunette de droite à gauche. De cette manière on lit immédiatement l'angle cherché. Autrement il faudrait retrancher de 360 degrés.

Quand, autour d'un même sommet, on a plusieurs angles à mesurer, après avoir fixé l'alidade au zéro et l'avoir amenée sur l'un des jalons, on fixe le cercle et on fait tourner l'alidade successivement, et toujours dans le même sens, de droite à gauche, pour viser chacun des autres jalons; l'opération est plus rapide et les angles sont comptés à partir d'une même droite, de 0 à 360 degrés.

Quand on mesure avec un cercle les angles d'un polygone topographique, il convient, pour éviter toute ambiguïté et tout calcul, d'opérer toujours comme nous l'avons dit. Si l'on parcourt le polygone de droite à gauche, à chaque station on dirigera toujours l'alidade d'abord vers le sommet suivant, pour la ramener ensuite vers le sommet précédent. Nous avons mesuré avec le cercle les angles du polygone topographique de l'île du bois de Boulogne (fig. 2, planche I); au sommet 2 l'alidade a été dirigée d'abord vers le jalon 3, puis ramenée vers 1; au sommet 3, elle a été dirigée d'abord vers 4, puis ramenée vers 2, et ainsi de suite. Les angles rentrants sont obtenus ainsi immédiatement, sans réduction.

98. Ordinairement les cercles sont munis de deux lunettes, la lunette principale L, dont nous nous sommes servis jusqu'à présent, et une lunette secondaire L′, placée au-dessous du cercle gradué et fixée, soit au pied de l'instrument, soit à la colonne B (la figure 80 représente un cercle dans lequel la seconde lunette a cette dernière disposition). Cette seconde lunette peut cependant exécuter un petit mouvement à droite ou à gauche, au moyen d'une vis particulière. Voici à quoi elle sert : quand on a mis l'alidade au zéro et visé le premier jalon avec la lunette supérieure, on serre la vis de pression *f*, afin de rendre invariable le cercle A. En ce moment, on remarque un objet quelconque qui se trouve sur la ligne de visée de la lunette inférieure. S'il n'y en a pas, on déplace un peu cette lunette avec sa vis propre, pour en chercher un. Cela fait, on desserre la vis de pression *a*, et on fait tourner l'alidade pour amener la lunette supérieure sur le second jalon ; l'angle dont a tourné l'alidade est l'angle demandé. Mais, pour que cette mesure soit bien exacte, il est absolument nécessaire que le cercle A n'ait pas bougé ; on s'en assure en regardant si la ligne de visée de la lunette inférieure est toujours bien exactement dirigée vers le même point de repère. Quand on a plusieurs angles à mesurer en une même station, on vérifie de temps en temps l'exactitude des opérations, en regardant si la lunette *témoin* est toujours dirigée vers le même point de repère.

99. La lunette L peut tourner autour d'un petit axe horizontal fixé au sommet de la colonne B'; dans ce mouvement, l'axe optique de la lunette reste dans un même plan vertical, et sa projection sur le plan du cercle ne change pas. Cette mobilité de la lunette permet de lui donner l'inclinaison convenable pour viser les sommets des triangles qui sont à des hauteurs très-différentes au-dessus de l'horizon. L'angle mesuré sur le cercle est l'angle des projections horizontales des côtés; c'est l'angle réduit à l'horizon.

A la colonne B' est attaché un arc de cercle vertical gradué *pq*, ayant pour centre le petit axe autour duquel tourne la lunette L. Cette lunette porte elle-même une alidade *r*. Quand la lunette est horizontale, l'index de cette alidade coïncide avec le zéro de l'arc *pq*; si l'on incline la lunette, l'index se déplace et indique l'angle d'inclinaison de la lunette sur l'horizon. Par ce moyen, quand on mesurera avec le cercle un angle réduit à l'horizon, on notera, si l'on veut, les inclinaisons des côtés sur l'horizon, inclinaisons qu'il est souvent utile de connaître.

Mais cet arc gradué vertical a un autre avantage : il permet de mesurer, à l'aide du cercle, la hauteur d'un édifice ou d'une montagne, bien plus exactement qu'avec le graphomètre. Si l'on veut mesurer la hauteur d'un édifice placé sur un sol horizontal, on opérera comme avec le graphomètre; on mettra le cercle en station à une distance connue du pied de l'édifice, en ayant soin de rendre parfaitement vertical l'axe de l'instrument; visant ensuite le sommet de l'édifice, on lira sur l'arc *pq* l'angle que fait le rayon visuel avec l'horizon. On en déduira ensuite par le calcul la hauteur de l'édifice.

Pour déterminer la hauteur d'une montagne au-dessus de la plaine, on mettra successivement le cercle en station aux deux extrémités (fig. 84) d'une base connue BC, et on mesurera les angles CBA, BCA, réduits à l'horizon, c'est-à-dire les deux angles CBP, BCP, et en outre l'angle ABP. Dans le triangle BCP,

Fig. 84.

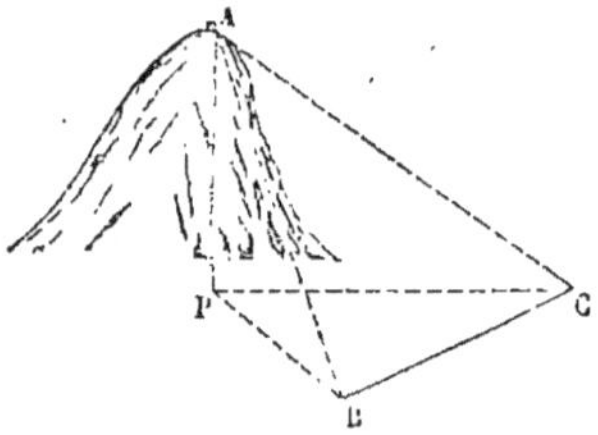

connaissant le côté BC et les deux angles adjacents, on pourra calculer le côté BP; dans le triangle rectangle ABP, connaissant alors le côté BP et l'angle ABP, on pourra calculer le côté AP, qui est la hauteur demandée.

Dans les cercles ordinaires, l'arc vertical *pq* ne dépasse guère 90 degrés, ce qui ne permet pas de mesurer les inclinaisons supérieures à 45 degrés. Quand l'instrument est muni d'un cercle vertical complet, on lui donne le nom de *théodolite*.

Répétition des angles.

100. La mesure d'un angle avec un instrument quelconque conduit toujours nécessairement aux deux opérations suivantes : 1° faire tourner l'alidade d'un angle égal à l'angle que l'on veut mesurer ; 2° lire sur le cercle gradué l'arc qui mesure l'angle dont l'alidade a tourné. De là des erreurs de deux sortes dans la valeur de l'angle mesuré : les unes dites erreurs de *pointé*, les autres erreurs de *lecture*. L'erreur de *pointé* provient de ce que la ligne de visée de l'alidade n'a pas été dirigée exactement suivant les côtés de l'angle ; cette erreur est rendue très-petite par l'emploi du cercle à lunette, tel que nous l'avons décrit ; mais elle n'est pas complétement annulée : pour un observateur très-habile, se servant d'un cercle bien établi, elle peut encore atteindre une seconde. L'erreur de lecture peut provenir, soit de ce que les petites divisions du cercle ne sont jamais rigoureusement égales, soit de ce que le vernier ne permet de subdiviser ces divisions qu'en un certain nombre de parties égales. L'astronome Tobie Mayer a imaginé une méthode qui permet de diminuer cette erreur pour ainsi dire indéfiniment; c'est Borda qui fit construire les premiers instruments pour la mettre en pratique. Cette méthode consiste à *répéter* un certain nombre de fois l'angle qu'il s'agit de mesurer.

Imaginons que, par une suite de manœuvres dont nous parlerons tout à l'heure, on ait fait décrire successivement, et dans le même sens, à l'axe optique de la lunette, plusieurs fois l'angle à mesurer, 10 fois par exemple. On lit sur le cercle l'angle total décrit par la lunette, on le divise par 10 et on a l'angle cherché. Si sur cet angle multiple on a commis une certaine erreur de lecture, il en résulte sur l'angle simple une erreur 10 fois moindre. Mais l'erreur de lecture commise sur l'angle multiple n'est pas plus grande que celle qu'on eût probablement commise en lisant l'angle simple; l'erreur probable est donc rendue ainsi dix fois moindre. En répétant l'angle un grand nombre de fois, on rendra cette erreur tout à fait négligeable.

101. Voyons maintenant comment on s'y prend pour effectuer la répétition d'un angle AOB (fig. 83), que, pour fixer les idées, nous supposerons égal à 20 degrés. Après avoir mis le cercle en station au sommet O, on fixe l'index au zéro du limbe, et on amène la lunette supérieure à peu près dans la direction OA (OA étant le côté de droite); on serre la vis f et on achève le pointé avec la vis de rappel g; puis on desserre la vis a, on fait tourner l'alidade de droite à gauche, le cercle restant immobile, pour amener la lunette supérieure dans la direction OB; on serre la vis a et on achève le pointé avec la vis de rappel b. Jusqu'ici c'est la manœuvre ordinaire pour la mesure de l'angle simple; l'alidade a décrit sur le limbe gradué, de droite à gauche, un angle égal à l'angle AOB, que nous avons supposé de 20 degrés.

Pour répéter l'angle une seconde fois, desserrons la vis de pression f, sans toucher à la vis a qui fixe l'alidade au limbe, et faisons tourner tout l'instrument de gauche à droite pour ramener l'alidade dans la direction OA; serrons la vis f, et achevons le pointé avec la vis de rappel g. Les choses sont alors rétablies dans leur état primitif ; l'alidade est dirigée vers A, seulement l'index n'est plus au zéro du limbe, mais à la division 20°. Recommençons la même manœuvre : laissant le cercle fixé au pied, desserrons la vis *a* et faisons tourner l'alidade de droite à gauche, pour amener l'alidade dans la direction OB; serrons la vis *a* et achevons le pointé avec la vis de rappel *b*. Le cercle étant fixe, l'alidade a décrit une seconde fois sur le limbe, de droite à gauche, l'angle AOB; elle a donc décrit en tout deux fois l'angle AOB, et par conséquent l'index marquera 40°.

Pour répéter l'angle une troisième fois, on recommencera la même manœuvre; desserrant la vis *f*, on fera tourner tout l'instrument de gauche à droite, pour ramener l'alidade dans la direction OA; on serrera la vis *f* et on achèvera le pointé avec la vis de rappel *g*. Les choses se retrouvent encore dans l'état primitif; la lunette est dirigée vers A, seulement l'index est à la division 40°. Desserrons la vis *a*, et faisons tourner l'alidade de droite à gauche pour l'amener dans la direction OB, serrons la vis *a* et achevons le pointé avec la vis de rappel *b*. Le cercle étant fixe, l'alidade a décrit une troisième fois sur le limbe de droite à gauche l'angle AOB, de sorte que l'index est maintenant à la division 60°.

En recommençant toujours la même manœuvre, on répétera l'angle autant de fois qu'on voudra. Quand on aura répété l'angle un nombre de fois suffisant, on lira sur les deux verniers l'angle total, on prendra la moyenne, puis on divisera par le nombre de fois que l'on a répété, et l'on aura l'angle avec une grande approximation. Si, par exemple, l'erreur probable de lecture est de dix secondes, en répétant 10 fois, on aura l'angle à une seconde près. De cette manière, avec un cercle très-ordinaire, on peut obtenir les angles avec une très-grande approximation[1].

---

1. Le procédé que nous venons de décrire pour la répétition des angles est celui que l'on applique avec le théodolite. Il est très-simple et n'exige l'emploi

Mesure et calcul d'un réseau de triangles.

102. Nous avons dit déjà que, pour effectuer une opération géodésique sur une grande étendue de pays, on recouvre le pays d'un réseau de triangles, on mesure avec des règles une base dans les conditions les plus favorables, et avec un bon cercle les angles de tous ces triangles. Puis, partant de la base, on détermine de proche en proche, par des calculs trigonométriques, les côtés de ces triangles.

Nous citerons, comme exemple, la triangulation qui a été exécutée dans le dix-septième siècle (1669 et 1679), par l'astronome Picard, entre Malvoisine et Amiens, sur un espace d'environ 32 lieues. Cette opération est restée célèbre dans l'histoire de la science; c'est la première opération précise qui ait été faite pour arriver à la connaissance exacte de la grandeur de la terre. Les résultats trouvés par Picard ont d'ailleurs servi à Newton pour vérifier sa loi de l'attraction universelle. La base a été mesurée entre Villejuif et Juvisy, tout le long du grand chemin, depuis le milieu du moulin de Villejuif jusqu'au pavillon de Juvisy; Picard plaçait simplement ses règles sur le pavé du chemin, qui est très-uni; il a trouvé 5662 toises 5 pieds en allant, et 5663 toises 1 pied en revenant; il a pris la moyenne 5663 toises pour longueur de sa base fondamentale.

« La distance que l'on s'est proposé de mesurer (nous citons les paroles de Picard) depuis Malvoisine jusqu'au Sourdont, s'est trouvée partagée en trois parties : de Malvoisine à Mareuil, de Mareuil à Clermont, de Clermont à Sourdon. Ces distances ont été déterminées au moyen de onze principaux triangles représentés par la figure 6, planche II; les autres

que d'une seule lunette. Quand le cercle porte une seconde lunette L' liée à la colonne B, et non au pied de l'instrument, il existe une autre méthode consistant dans la manœuvre alternative des deux lunettes. Mais ce second procédé étant moins simple que le premier, d'une application moins commode, et nécessitant d'ailleurs le même nombre de pointés, nous avons pensé qu'il était inutile d'en parler.

triangles ponctués, représentés dans la figure 7, ont servi de vérification.

« Voici la liste des stations et des endroits précis auxquels on a pointé pour former les triangles :

« A. Milieu du moulin de Villejuif. — B. Plus proche coin du pavillon de Juvisy. — C. Pointe du clocher de Brie-Comte-Robert. — D. Milieu de la tour de Montlhéry. — E. Haut du pavillon de Malvoisine. — F. Pièce de bois dressée exprès au haut des ruines de la tour de Montjay, et grossie de paille. — G. Milieu du tertre de Mareuil, où l'on a été obligé de faire des feux pour le marquer. — H. Milieu du gros pavillon en ovale du château de Dammartin. — I. Clocher de Saint-Samson de Compiègne. — K. Le moulin de Jonquières, proche Compiègne. — L. Clocher de Coyvrei. — M. Un petit arbre sur la montagne de Boulogne, proche Montdidier. — N. Clocher de Sourdon. — O. Un petit arbre fourchu sur la butte du Griffon, proche Villeneuve Saint-Georges. — P. Le clocher de Montmartre. — Q. Le clocher de Saint-Christophe, proche Senlis. — AB. Base mesurée entre Villejuif et Juvisy. — XY. Seconde base mesurée à l'autre extrémité du réseau et devant servir de vérification. »

Nous proposons aux élèves, comme exercice de calcul, la résolution des triangles successifs, dans l'ordre même suivi par Picard :

« 1° Triangle ABC.

$$CAB = 54^\circ\ 4'35''$$
$$ABC = 95^\circ\ 6'55''$$
$$ACB = 30^\circ 48'30''$$
$$AB = 5663 \text{ toises.}$$

Donc $AC = 11012{,}83$ et $BC = 8954$ toises.

« 2° Triangle ADC.

$$DAC = 77^\circ 25'50''$$
$$ADC = 55^\circ\ 0'10''$$
$$ACD = 47^\circ 34'\ 0''$$
$$AC = 11012{,}83$$

Donc $DC = 13121{,}5$ et $AD = 9922{,}33$.

« 3° Triangle DEC.

$$DEC = 74^\circ\ 9'30'$$
$$DCE = 40^\circ 34'\ 0''$$
$$CDE = 65^\circ 16'30''$$
$$DC = 13121,5.$$

Donc $DE = 8870,5$ et $CE = 12389,5.$

« 4° Triangle DCF.

$$DCF = 113^\circ 47'40''$$
$$DFC = 33^\circ 40'\ 0''$$
$$FDC = 32^\circ 32'20''$$
$$DC = 13121,5.$$

Donc $DF = 21658$ toises.

« 5° Triangle DFG.

$$DFG = 92^\circ\ 5'20''$$
$$DGF = 57^\circ 34'\ 0''$$
$$GDF = 30^\circ 20'40''$$
$$DF = 21658 \text{ toises.}$$

Donc $DG = 25943$ et $FG = 12903,5.$

« 6° Triangle GDE.

$$GDE = 128^\circ 9'30''$$
$$DG = 25643$$
$$DE = 8870,5.$$

Donc $GE = 31897$ toises.

« Telle est la distance de Malvoisine à Mareuil. Par le calcul du même triangle, on trouvera les angles, $DGE = 12^\circ 38'$ et $DEG = 39^\circ 12'30''$, tels que d'ailleurs ils ont été trouvés par observation, ce qui sert de vérification. »

Avant d'aller plus loin, Picard s'est assuré de l'exactitude de cette première distance par plusieurs autres vérifications.

Il a calculé de nouveau AD, au moyen des triangles AOB et AOD, puis DE par le triangle DOE, CE par ACE, DF par ACF, FG par GAF, GE par GDC. La distance trouvée pour GE par cette seconde série de calculs est 31893,50, au lieu de 31697 Picard a pris la moyenne 31895 toises.

« 7° Triangle QFG.

QFG = 36° 50′ 0″
QGF = 104° 48′ 30″
GF = 12963,5.

Donc QG = 12523.

« 8° Triangle QGI.

QGI = 31° 50′ 30″
QIG = 43° 39′ 30″
QG = 12523.

Donc GI = 17562 toises, QI = 9570. »

Par les triangles FGH et GHI, Picard avait trouvé, pour la distance GI de Mareuil à Clermont, une longueur plus petite de 5 toises ; et il a préféré la première détermination, à cause d'une incertitude dans le pointé du point H, milieu du gros pavillon ovale du château de Dammartin.

« 9° Triangle QIK.

QIK = 40° 20′ 30″
QKI = 53° 6′ 40″
QI = 9570.

Donc IK = 11683.

« 10° Triangle IKL.

LIK = 58° 31′ 50″
IKL = 58° 31′ 0″
IK = 11683.

Donc KL = 11188,33 et IL = 11186,67.

« 11° Triangle KLM.

$$LKM = 28°52'30''$$
$$KLM = 63°31'\ 0''$$
$$KL = 11188{,}33.$$

Donc $LM = 6036{,}23.$

« 12° Triangle LMN.

$$LMN = 60°38'\ 0''$$
$$MNL = 29°28'20''$$
$$LM = 6036{,}33.$$

Donc $LN = 10691.$

« 13° Triangle ILN.

$$ILN = 360° - (ILK + KLM + MLN) = 119°32'40''$$
$$LN = 10691$$
$$IL = 11186{,}66.$$

Donc $IN = 18905$ toises. »

Telle est la distance IN de Clermont à Sourdon. Pour vérifier ces dernières opérations, Picard mesura une seconde base XY de 3902 toises dans une grande plaine entre Coyvrel et la montagne de Boulogne. De cette base, par les triangles XYL, XYM, MYL, dont les angles ont été mesurés, on déduit $ML = 6037$ toises, au lieu de 6036,33 trouvées précédemment; ceci donne à proportion $IN = 18907$ et $GI = 17564$ toises. La différence est très-petite.

Picard prolongea ses opérations jusqu'à Amiens, au moyen de deux triangles représentés par la figure 8, et il rattacha à son réseau les tours de Notre-Dame de Paris et l'Observatoire, comme on le voit sur la figure 7. « Le point S est une guérite au-dessus du degré de la tour méridionale de Notre-Dame, Z le milieu de la face méridionale du bâtiment de l'Observatoire. » Réduisant ensuite par des triangles rectangles les trois longueurs EG, GI, IN, il eut l'arc de méridienne compris entre Sourdon et Malvoisine.

Réduction des angles au centre des stations.

103. Dans les grandes opérations géodésiques, les sommets des triangles sont en général des points très-élevés, comme des flèches de clochers ou des mires aux sommets des montagnes. Quand on veut mesurer les angles de ces triangles, il est rarement possible de placer exactement le cercle au sommet de l'angle que l'on veut mesurer; dans ces cas, on le place à côté, dans une position commode, mais aussi près que possible. Ce n'est donc pas l'angle du triangle que l'on a mesuré, mais un angle qui en diffère très-peu, et il faut faire subir à cet angle une petite correction que l'on appelle réduction au centre de station.

Soient ABC (fig. 85) l'un des triangles du réseau, C l'angle que l'on veut mesurer, O le point où l'on a placé le cercle dans le voisinage du point C; l'angle mesuré est l'angle AOB; il faut en déduire l'angle ACB. Désignons par α et β les deux angles très-petits OAC, OBC, et soit I le point d'intersection des deux droites CA et OB. Dans les deux triangles CIB, OIA, les angles en I opposés par le sommet étant égaux entre eux, la somme des deux autres angles est la même; on a donc

Fig. 85.

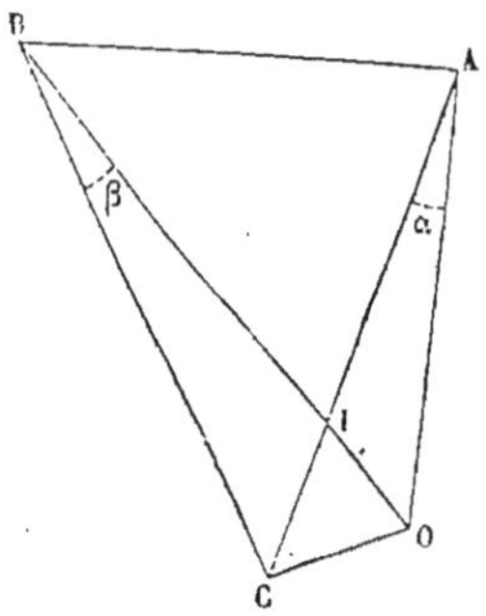

$$C + \beta = O + \alpha;$$

d'où

$$C = O + (\alpha - \beta).$$

Ainsi, pour avoir l'angle cherché ACB, il faut, à l'angle mesuré AOB, ajouter la quantité $\alpha - \beta$, que nous appellerons x.

Il s'agit maintenant de déterminer les angles α et β. Désignons par a, b, c les longueurs des côtés du triangle ABC, et par r la distance très-petite OC. Dans les triangles AOC et BOC, on a

$$\frac{\sin \alpha}{r} = \frac{\sin AOC}{b}, \qquad \frac{\sin \beta}{r} = \frac{\sin BOC}{a};$$

d'où $\sin\alpha = \frac{r \sin AOC}{b}$, $\sin\beta = \frac{r \sin BOC}{a}$.

On sait que le sinus d'un arc très-petit ne diffère de l'arc que d'une quantité très-petite par rapport à l'arc lui-même; on peut donc remplacer approximativement $\sin\alpha$ et $\sin\beta$ par les arcs qui mesurent les angles α et β dans le cercle dont le rayon est l'unité. Si nous supposons pour un instant que α et β désignent ces arcs eux-mêmes, nous aurons

$$\alpha = \frac{r \sin AOC}{b}, \qquad \beta = \frac{r \sin BOC}{a}.$$

En général, les angles sont évalués, non par des longueurs d'arcs, mais en degrés, minutes et secondes, et quand il s'agit d'arcs très-petits, on prend pour unité la seconde. Un angle étant évalué en secondes, il est facile de trouver l'arc correspondant, et réciproquement. La circonférence entière comprenant 1 296 000 secondes, l'arc d'une seconde, sur un cercle de rayon 1, a une longueur égale à $\frac{2\pi}{1\,296\,000}$, et, dans la construction des tables trigonométriques, cette longueur de l'arc de $1''$ a été prise pour $\sin 1''$. Il est clair que si un angle est évalué en secondes, on obtiendra la longueur de l'arc correspondant en multipliant l'angle par la longueur de l'arc de $1''$, c'est-à-dire par $\sin 1''$; et que, réciproquement, si on divise un arc par $\sin 1''$, on obtiendra l'angle correspondant.

Nous aurons donc, pour les angles α et β évalués en secondes,

$$\alpha = \frac{r \sin AOC}{b \sin 1''}, \qquad \beta = \frac{r \sin BOC}{a \sin 1''}.$$

Ainsi la correction x, c'est-à-dire ce qu'il faut ajouter à l'angle mesuré O, pour avoir l'angle cherché C, est donnée par la formule

$$[1] \qquad x = \frac{r \sin AOC}{b \sin 1''} - \frac{r \sin BOC}{a \sin 1''}.$$

Les angles AOC, BOC se mesurent avec le cercle, et il suffit d'en mesurer un, parce que leur différence est égale l'angle mesuré AOB.

Outre ces angles, la formule [1] contient la distance OC que l'on mesure aussi exactement que l'on peut et les côtés a et b du triangle ABC. Mais nous ferons remarquer qu'il suffit, pour effectuer la correction, de connaître des valeurs approchées de ces côtés; l'erreur qui en résulte dans la valeur de x est très-petite par rapport à cette quantité elle-même, et par conséquent négligeable. Or, le triangle ABC que nous considérons, fait partie d'un réseau; le calcul des triangles antérieurs a donné la longueur de l'un des côtés de ce triangle; d'autre part, deux angles au moins du triangle ont été mesurés en plaçant le cercle à une petite distance des sommets; si l'on adopte provisoirement ces angles non corrigés et si l'on résout le triangle, on en déduira des valeurs approchées des autres côtés, qui suffiront pour effectuer la correction des angles mesurés. On recommencera ensuite la résolution du triangle en se servant des angles corrigés.

Supposons, par exemple, que le calcul des triangles antérieurs ait donné la longueur a du côté BC, on a

$$\frac{b}{a}=\frac{\sin B}{\sin A}, \qquad \text{d'où} \qquad b=\frac{a \sin B}{\sin A},$$

et, si l'on substitue dans la formule [1],

$$x=\frac{r \sin A \sin AOC}{a \sin B . \sin 1''}-\frac{r \sin BOC}{a \sin 1''},$$

on calculera la valeur de x en se servant des valeurs approchées des angles du triangle.

La correction relative à l'angle B, c'est-à-dire la réduction au centre de station, si le cercle n'a pas été placé au sommet B exactement, se fera de la même manière.

Usages de la planchette et de la boussole pour le levé des détails.

104. Pour dresser la carte d'un département, on le recouvre d'un réseau de grands triangles que l'on mesure et que l'on calcule, comme nous l'avons dit. De ces grands triangles, ou triangles de premier ordre, on en déduit d'autres plus petits, que l'on nomme triangles du second ordre; de ceux-ci, d'autres plus petits encore que l'on nomme triangles du troisième ordre. L'ensemble de ces triangles constitue le *canevas trigonométrique* et donne la carte d'ensemble du pays.

Il s'agit maintenant de lever le plan de chaque commune; pour cela, d'après les routes, les cours d'eau et les divisions naturelles du sol, on recouvre le territoire de la commune d'un réseau de grands polygones soudés les uns aux autres par un ou plusieurs côtés communs. On subdivise ensuite chacun de ces polygones par des traverses ou lignes brisées, que l'on multiplie jusqu'à circonscrire les moindres masses de détails. L'ensemble de ces polygones, subdivisés par des traverses, constitue le *canevas topographique* du territoire.

Fig. 86.

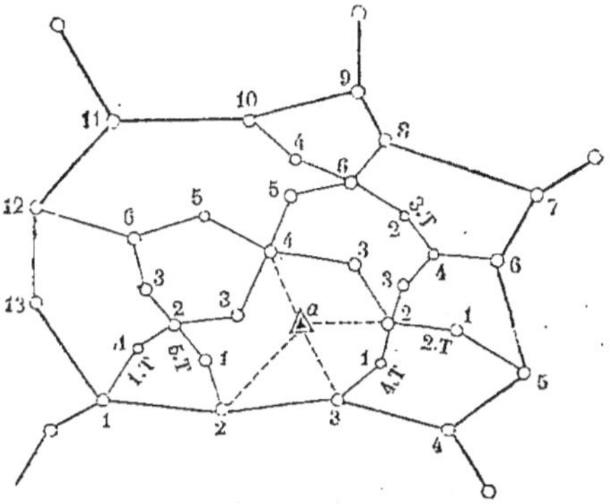

Les grands polygones portent des numéros d'ordre ainsi que les traverses de chacun d'eux. La figure 86 représente l'un des polygones avec ses traverses; la première traverse va du sommet 1 au sommet 8; la deuxième, du sommet 5 au sommet 12; la troisième, du sommet 6 au sommet 10; la quatrième, du sommet 3 du polygone au sommet 1 de la troisième traverse, etc.

On lève séparément le plan de chacun des grands polygones avec ses traverses, par l'un quelconque des procédés que nous avons indiqués, en ayant soin de vérifier chaque opération avant de passer à la suivante (le polygone doit fermer, et les traverses aboutir exactement aux points extrêmes). Les raticiens emploient surtout la planchette ou la boussole pour ce genre de travail. Toutefois nous pensons que la boussole est de beaucoup préférable. La mise en station de la boussole étant plus facile, l'opération marche plus rapidement. D'autre part, la planchette ne comporte pas d'autre exactitude que celle des constructions graphiques; la feuille de papier est sujette à varier avec l'état hygrométrique de l'air; on ne conserve d'ailleurs d'autre trace du travail que le plan minute; tandis que, avec la boussole, le registre sur lequel on a inscrit les mesures donne le moyen de construire à volonté un nouveau plan à une échelle quelconque. Quant aux détails, on les détermine habituellement par des ordonnées perpendiculaires aux côtés ou aux traverses du polygone (pour faciliter le levé des détails, on ne donne pas aux côtés du polygone une longueur supérieure à 100 mètres environ). Quand on a levé ainsi complétement l'un des polygones, on passe au polygone suivant.

Le polygone représenté par la figure 84 comprend un sommet *a* de troisième ordre du canevas trigonométrique; on le relève avec soin par la méthode des intersections. Les sommets ainsi relevés et que l'on entoure d'un petit triangle pour les distinguer, rattachent le canevas topographique au canevas trigonométrique et servent de vérification. Cependant nous ferons remarquer que le levé topographique par une série de polygones, tel que nous l'avons expliqué, est tout à fait indépendant du canevas trigonométrique, et qu'il présente en lui-même assez de certitude pour qu'on puisse le prolonger très-loin, sans avoir à craindre d'erreur notable.

FIN DE LA PREMIÈRE PARTIE.

DEUXIÈME PARTIE.

NIVELLEMENT.

CHAPITRE PREMIER.

NIVEAU D'EAU ET MIRE.

Objet du nivellement. — Niveau d'eau. — Mire simple de 2 mètres. Mire à coulisse développant 4 mètres.

Objet du nivellement.

105. Le plan d'un terrain levé et rapporté sur le papier, la carte ne donne qu'une idée très-imparfaite de sa forme ; car les points du sol étant représentés seulement par leurs projections sur un même plan horizontal, rien n'indique les différences de hauteur de ces points, et par suite les ondulations, les accidents divers du terrain. Pour compléter la description du terrain, il faut en outre déterminer les distances des principaux points au plan horizontal pris pour plan de projection et inscrire ces distances sur la carte.

Le plan choisi pour plan de projection porte le nom de *plan de comparaison*. La distance d'un point au plan de comparaison est la *cote* de ce point. Ordinairement on choisit le plan de comparaison de manière qu'il soit supérieur ou inférieur à tous les points du sol. Lorsque le plan de comparaison est inférieur à la plupart des points, si quelques points du terrain se trouvent au-dessous de ce plan, les cotes des points situés au-dessus du plan seront regardées comme positives, celles des points situés au-dessous comme négatives. C'est l'inverse qui a lieu quand, le plan de comparaison étant supérieur à la plupart des points du terrain, quelques-uns se trouvent au-dessus de ce plan.

Déterminer les cotes des points principaux du terrain, ou leurs distances au plan de comparaison, et les inscrire sur la carte, tel est l'objet du nivellement.

106. Pour déterminer les cotes de divers points, A, B, C,... d'un terrain, il n'est pas nécessaire de mesurer directement la distance de chacun de ces points au plan de comparaison. On prend pour plan de comparaison un plan situé à une distance déterminée de l'un de ces points, par exemple un plan situé à 50^m au-dessous du point A ; on se donne ainsi la cote du point A, qui est 50^m ; pour déterminer la cote du point B, il suffit de mesurer la différence de hauteur des points A et B au-dessus d'un même plan horizontal, et d'augmenter ou de diminuer la cote du point A du nombre trouvé, selon que le point B est au-dessus ou au-dessous du point A. On se servira ensuite de la cote du point B, pour trouver celle du point C, et ainsi de suite. De sorte que le problème élémentaire du nivellement consiste à mesurer la différence des hauteurs de deux points du sol au-dessus d'un même plan horizontal.

Pour le résoudre, on emploie deux instruments différents : l'un, appelé *niveau*, sert à déterminer un plan horizontal ; l'autre, appelé *mire*, sert à mesurer la distance d'un point du sol au plan horizontal déterminé par le niveau.

On nomme plan du niveau le plan horizontal déterminé par le niveau. Quand deux points sont dans un même plan horizontal, ils ont même cote, et l'on dit qu'ils sont de niveau. Quand deux points ne sont pas dans le même plan horizontal, ils ont des cotes différentes, et la différence de leurs cotes est aussi appelée différence de niveau de ces points.

Niveau d'eau.

107. Le niveau d'eau (fig. 87) se compose d'un tube cylindrique en cuivre ou en fer-blanc de $1^m,40$ de long sur $0^m,05$ de diamètre environ. Près de ses extrémités il est recourbé à angle droit, et porte des fioles sans fond terminées par des goulots étroits. Ces fioles en verre transparent sont des cylindres qui ont exactement même diamètre, et leur contact avec le tube est bien établi, soit par des rondelles de cuivre,

Fig. 87.

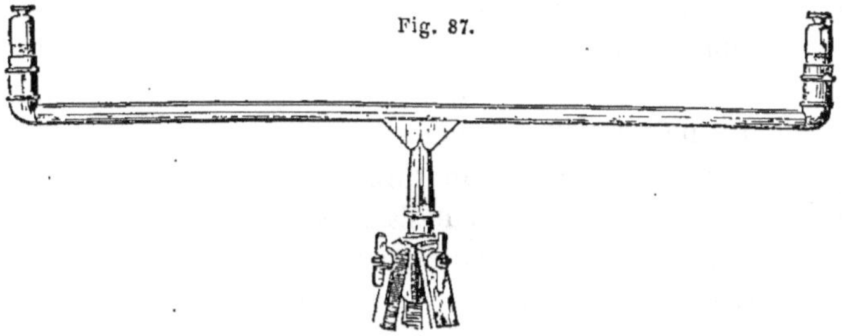

soit par du mastic. Au milieu du tube est fixée une douille qui peut être emmanchée sur la tige d'un pied à trois branches.

Dans les niveaux construits avec soin, la douille n'est pas directement fixée au tube ; elle est adaptée à un genou à coquilles, dont les deux valves embrassent une sphère métallique fixée au milieu du tube. Une vis de pression permet de serrer plus ou moins les deux valves contre la petite sphère métallique (fig. 88).

Fig. 88.

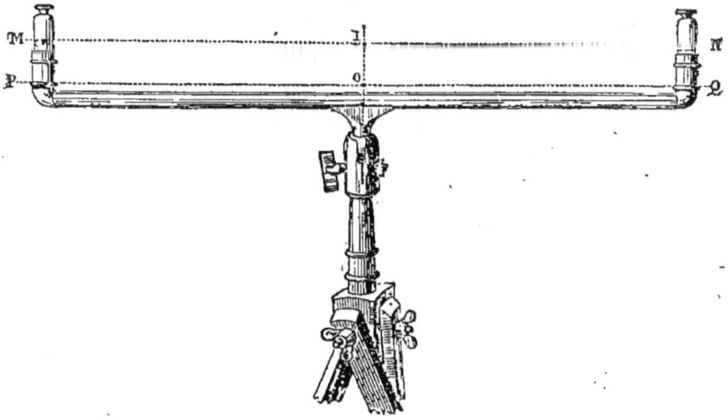

Pour faire usage de cet instrument, on dispose le pied à trois branches de manière à rendre la tige aussi verticale que possible ; on place le tube sur le trépied, on le rend à peu près horizontal à vue d'œil ; puis on y verse de l'eau de manière à remplir les deux fioles à peu près aux deux tiers de leur hauteur. En vertu des lois de l'équilibre des liquides dans les vases communiquants, dès que le balancement de l'eau dans les deux fioles a cessé, les sommets des deux colonnes liquides sont dans un même plan horizontal.

Il n'est pas nécessaire que le tube en métal soit lui-même, parfaitement horizontal ; on peut s'assurer que le tube remplit à peu près cette condition, en faisant décrire au niveau un tour d'horizon, et regardant si la hauteur de l'eau dans chaque fiole reste à peu près constante ; si la variation était trop grande, on desserrerait un peu la vis du genou à coquilles, et l'on déplacerait peu à peu le tube jusqu'à ce qu'il devienne sensiblement horizontal.

108. Dans ce mouvement du niveau autour de l'horizon, l'inclinaison du tube peut changer ; il est à remarquer que, si les diamètres des deux fioles sont exactement égaux, le plan horizontal, déterminé par les sommets des deux colonnes liquides, reste sensiblement le même, bien que dans chaque fiole la hauteur varie. En effet (fig. 88), soit PQ un plan perpendiculaire aux axes des fioles, O le point d'intersection de ce plan et de l'axe de rotation de l'appareil, point qui reste fixe pendant le mouvement du tube; MN le plan horizontal déterminé par les sommets des colonnes liquides; OI la distance de ce plan au point O. Le volume de la colonne d'eau contenue dans l'une des fioles, entre les plans MN et PQ, est à peu près équivalent à celui d'un cylindre droit qui aurait pour base la section faite dans la fiole par le plan MN, et pour hauteur la distance à ce plan MN du centre de la section faite par le plan PQ. Si les fioles ont même diamètre, les sections faites par le plan MN dans les deux fioles sont égales. La somme des volumes des deux colonnes est constante, puisque l'eau ne peut ni sortir des fioles, ni descendre au-dessous du plan PQ ; les bases étant égales, il en résulte que la somme des hauteurs est constante ; or cette somme est double de OI ; donc la distance OI est sensiblement constante et le plan MN est à peu près invariable.

109. Les surfaces libres de l'eau dans les deux fioles étant dans un même plan horizontal, un rayon visuel tangent aux deux cercles qui limitent les surfaces liquides est horizontal. A la vérité, l'eau mouillant les fioles, sa surface n'est pas tout à fait plane ; elle forme dans chaque fiole un ménisque concave ; mais les cercles supérieurs qui limitent les deux ménisques sont dans un même plan horizontal, et lorsqu'on s'éloigne à 50 ou 60 centimètres de l'une des fioles, on voit ces cercles se dessiner nettement en noir sur les fioles. On rend ces cercles encore plus visibles en colorant légèrement en rouge avec quelques gouttes de vin l'eau qu'on emploie. Parfois de petites bulles d'air qui viennent crever à la surface de l'eau empêchent de distinguer nettement le ménisque. Pour obvier à cet inconvénient, on enlève le tube, on bouche avec le pouce une des fioles, et on tient le tube à peu près vertical ; les bulles d'air gagnent ainsi la partie supérieure et s'échappent ; puis on remet le tube en place.

L'instrument ainsi disposé, l'opérateur peut mener un rayon visuel suivant une direction quelconque, dans le plan horizontal déterminé par les deux cercles qui forment les ménisques. A cet effet, il amène le tube à peu près dans la direction voulue, place un œil à 50 ou 60 centimètres de l'une des fioles, et vise suivant une tangente commune intérieure aux deux cercles.

Mire simple de 2 mètres.

110. Cette mire se compose d'une règle divisée qu'on tient verticalement, une extrémité posée sur le sol ; une plaque mobile, nommée *voyant*, glisse le long de la règle et porte une ligne horizontale appelée *ligne de foi*.

La règle AB (fig. 89) est en bois, de forme prismatique à base carrée ; elle est terminée à sa partie inférieure par un talon en fer T, portant une pédale P, sur laquelle l'aide appuie le pied quand il veut tenir la mire verticalement. L'une des faces de cette règle est divisée en décimètres et en centimètres sur une longueur de 2 mètres, comptée à partir de l'extrémité inférieure du talon. Le voyant V est une plaque métallique de

Fig. 89.

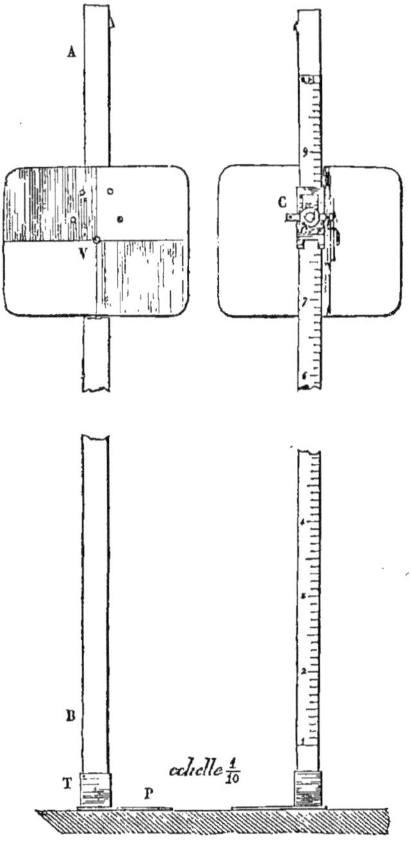

forme rectangulaire, partagée en quatre rectangles égaux par une horizontale et une verticale; deux de ces rectangles, situés en diagonale, sont peints en rouge ou en noir, les autres en blanc. L'horizontale qui sépare les rectangles est la ligne de foi du voyant; on la voit très-nettement à cause de l'opposition des couleurs.

Ce voyant est attaché à un collier de cuivre C qui fait le tour de la règle; il peut glisser le long de cette règle, et être fixé dans une position quelconque par une vis de pression *c*. La face du collier appuyée sur la face graduée de la règle porte une échancrure qui permet de voir les divisions de la règle. Sur un des bords de cette échancrure est marqué un trait de repère à la hauteur de la ligne de foi; sur le même bord, à partir de ce trait, et au-dessous, un centimètre est divisé en dix millimètres. Ces divisions sont numérotées de haut en bas, le zéro correspondant au trait de repère.

Lorsque le voyant est fixé sur la règle, pour mesurer la hauteur de la ligne de foi au-dessus du sol, on lit le nombre de centimètres qui correspond au trait de la règle placé immédiatement au-dessous du zéro du collier, et on y ajoute le nombre de millimètres indiqué par le numéro de la division du collier qui est en face de ce même trait de la règle.

Mire à coulisse développant 4 mètres.

111. On emploie souvent, au lieu de la mire simple, une mire à coulisse qui peut prendre un développement de quatre mètres. La règle de cette mire est formée de deux tiges de bois AB, A'B' (fig. 90), ayant chacune un peu plus de deux mètres de long ; une coulisse est creusée sur toute la longueur de AB, une arête fait saillie sur toute la longueur de A'B', et s'engage dans la coulisse de AB ; de sorte qu'en faisant glisser la tige A'B' sur la tige AB on peut faire varier la longueur de la règle de deux mètres à quatre mètres. Chaque tige est terminée par un talon, contre lequel vient buter l'extrémité de l'autre tige, lorsqu'on réduit la règle à coulisse à sa plus petite longueur. Le talon T de la tige AB est en fer, et est muni d'une pédale; le talon T' de la tige A'B' est en bois, et ne se distingue de cette tige que par la partie saillante qui recouvre le sommet A de la tige AB.

Un collier D, analogue au collier C de la mire simple, enveloppe les deux tiges ; il est fixé par une de ses faces à l'extrémité inférieure B' de la tige A'B', et porte sur sa face opposée une vis de pression avec laquelle on peut serrer les deux tiges

Fig. 90.

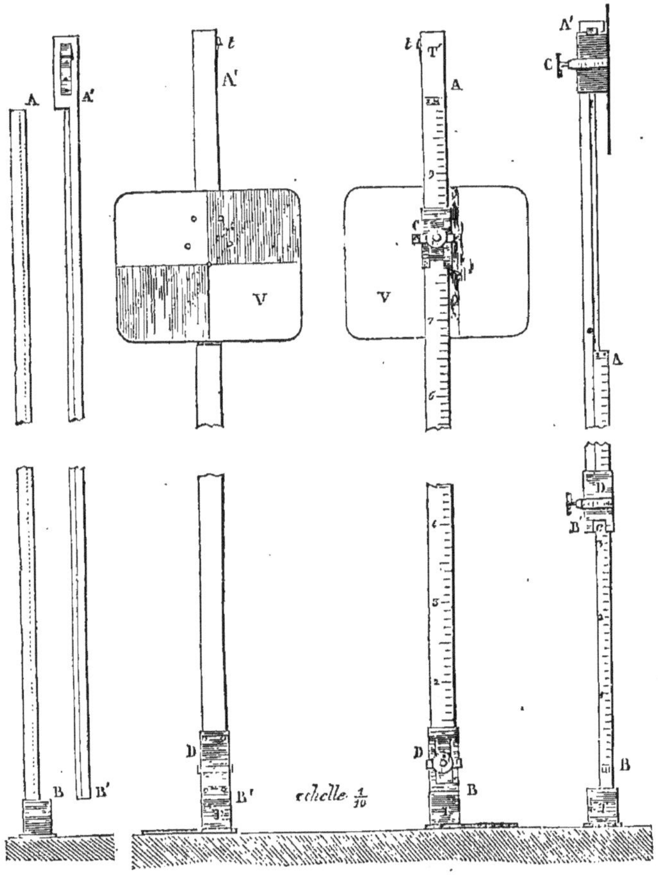

l'une contre l'autre, et les fixer l'une à l'autre. Le voyant est porté, comme dans la mire simple, par un collier C, qui enveloppe les deux tiges, et peut être fixé à la tige AB dans une position quelconque, tant que la hauteur de la ligne de foi au-dessus du sol est inférieure à 2 mètres. Quand cette hauteur atteint 2 mètres, le collier bute contre le taquet *t* d'un ressort fixé au talon T' de la tige A'B'. Dans cette position, la partie supérieure du collier C ne porte que sur le talon T' de A'B'; et si l'on serre la vis de pression de ce collier, on le fixe à la tige A'B' et non à la tige AB. En faisant glisser la tige A'B' sur AB, on peut alors élever ce collier et avec lui le voyant, de manière à faire croître la hauteur de la ligne de foi au-dessus du sol de 2 mètres à 4 mètres.

La plus large face de la tige AB est divisée en décimètres et en centimètres, sur une longueur de 2 mètres, à partir de l'extrémité inférieure du talon T. Une des faces étroites de la même tige est aussi divisée en décimètres et en centimètres sur une longueur de 2 mètres; mais le zéro ne correspond plus à l'extrémité inférieure du talon T; il est un peu au-dessus de ce talon. La face du collier D, qui s'appuie sur la face étroite de la tige AB, porte une échancrure semblable à celle du collier C, et le zéro du centimètre divisé en millimètres sur un des bords de cette échancrure correspond au zéro de cette division de la tige AB, quand la règle composée est réduite à sa plus petite longueur.

Il est facile maintenant de comprendre comment on peut lire la hauteur de la ligne de foi au-dessus du sol, dans une position quelconque du voyant. Quand cette hauteur est moindre que 2 mètres, on la lit sur la large face de AB et sur le bord divisé du collier C, absolument comme avec la mire simple. Quand cette hauteur dépasse 2 mètres, elle se compose de 2 mètres et de la distance du zéro du collier D au zéro de la division de la face étroite de AB, distance qu'on lit en centimètres et millimètres à l'aide des divisions de cette face de AB, et des divisions du bord de l'échancrure du collier D.

CHAPITRE II.

OPÉRATIONS DU NIVELLEMENT.

Nivellement simple. — Nivellement composé. — Nivellement par cheminement. — Vérification du nivellement. — Nivellement d'un polygone topographique. — Plan de comparaison. — Nivellement par rayonnement. — Profils de nivellement. — Profils en long et en travers.

Nivellement simple.

112. Nous avons dit (nº **106**) que le problème élémentaire du nivellement consiste à mesurer la différence de niveau de deux points A et B; pour trouver cette différence, l'opérateur établit son niveau en un point M, à peu près à égale distance des points A et B, et de manière que le plan du niveau soit supérieur à ces deux points. Un aide porte la mire en A, pose le talon de la mire sur le sol au point A, et la tient verticale, le voyant tourné vers l'opérateur (pour la maintenir plus facilement dans cette position, il appuie un pied sur la pédale P). L'opérateur dirige le tube vers le voyant, vise horizontalement suivant une tangente intérieure aux deux cercles formés par l'eau, et fait signe à l'aide avec la main d'élever ou d'abaisser le voyant, selon que le rayon visuel rencontre le voyant au dessus ou au-dessous de la ligne de foi; lorsque la ligne de foi approche du plan de niveau, l'opérateur fait des gestes plus lents, l'aide fait mouvoir le voyant plus doucement; quand le rayon visuel de l'opérateur rencontre la ligne de foi, cette ligne est dans le plan du niveau; toutefois l'opérateur ne fait signe à l'aide de fixer le voyant en serrant la vis de pression, qu'après avoir déplacé légèrement le tube de l'instrument de manière à faire parcourir au rayon visuel les différents points de la ligne de foi.

Enfin, sur un signe de l'opérateur, l'aide serre la vis et attend, pour déplacer la mire, que l'opérateur se soit assuré, en visant de nouveau, que la ligne de foi n'a pas été déplacée par le serrement de la vis. Il porte alors la mire à l'opérateur, qui lit et inscrit la hauteur de mire du point A, c'est-à-dire la distance du point A au plan horizontal déterminé par le niveau — L'aide porte ensuite la mire en B, et, opérant de même d'après les indications de l'opérateur, il amène la ligne de foi du voyant dans le plan horizontal du niveau; l'opérateur lit et inscrit comme précédemment la hauteur de mire du point B, ou sa distance au plan horizontal déterminé par le niveau. La différence de niveau des points A et B est évidemment la différence de leurs hauteurs de mire, et le plus élevé des deux points est celui pour lequel la hauteur de mire est la plus petite.

113. Lorsqu'on emploie le niveau d'eau, il convient de ne pas opérer directement entre deux points éloignés de plus de 50 mètres; car, la tangente *mn* aux deux ménisques suivant laquelle vise l'opérateur n'est pas très-nettement déterminée, et une très-petite inclinaison donne une erreur sensible dans la hauteur de mire d'un point A assez éloigné. — Soit, par exemple, *mn* la ligne horizontale suivant laquelle on devrait viser, *mn'* la ligne suivant laquelle on vise réellement (fig. 91); au lieu de A*a*, on prendra A*a'* pour hauteur de mire du point A. Si l'on désigne par *l* la longueur du tube, par L

Fig. 91.

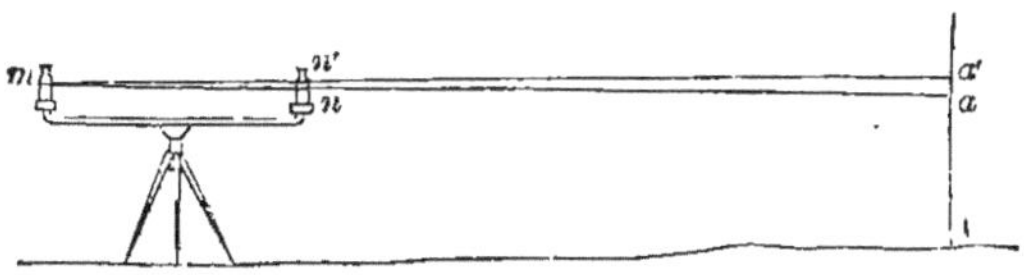

la distance horizontale *ma*, en comparant les triangles semblables *maa'*, *mnn'*, on a

$$\frac{aa'}{nn'}=\frac{L}{l}; \quad \text{d'où} \quad aa'=nn'\times\frac{L}{l}.$$

Si *nn'* est de $\frac{1}{2}$ millimètre, l'erreur commise *aa'* atteint 0m,01 quand la distance L est seulement 20 fois la longueur du tube.

Dans la pratique, on fait en sorte que la distance du niveau à la mire ne dépasse jamais 25 mètres; la distance des deux points A et B, nivelés par cette méthode, ne doit donc pas surpasser 50 mètres. Dans les grands nivellements, on remplace le niveau d'eau par un autre instrument, le niveau à bulle, avec lequel on peut, sans crainte d'erreur appréciable, placer le niveau à 75 mètres et même 100 mètres du point à niveler, ce qui permet d'établir, par un nivellement simple, la différence de niveau de deux points distants de 150 à 200 mètres. (Voy. l'Appendice : niveau à bulle et mire parlante.)

114. Remarquons encore que, lorsque le niveau est à égale distance des points A et B, si, par une cause quelconque, le rayon visuel n'est pas tout à fait horizontal, mais fait le même angle avec l'horizon, lorsqu'on vise successivement sur la mire placée en A ou en B, les hauteurs de mire de ces deux points sont augmentées ou diminuées de la même quantité, et par suite la différence de ces hauteurs, ou la différence de niveau des deux points, n'est pas altérée. C'est pour cette raison que nous recommandons de placer, autant que possible, le niveau à égale distance des points à niveler.

Pour que les hauteurs de mire mesurées indiquent réellement les distances des points nivelés au point horizontal déterminé par le niveau, il faut que la mire soit bien exactement verticale, condition que l'aide ne peut remplir suffisamment s'il n'y a été préalablement exercé. — On a essayé d'adapter à la mire un fil à plomb, dont la direction sert à régler la position de la mire; mais l'aide, obligé de s'occuper du voyant et de le manœuvrer suivant les indications de l'opérateur, ne peut guère consulter le fil à plomb, et on y a renoncé généralement.

Nivellement composé.

115. Le nivellement simple ne peut être appliqué qu'à des points dont la distance ne surpasse pas 50 mètres, et dont la différence de niveau est moindre que 4 mètres. Quand ces conditions ne sont pas remplies, on fait un nivellement composé : on choisit entre les deux points à niveler A et L, un certain nombre de points intermédiaires B, C, D,.... etc., placés de telle sorte que par un nivellement simple on puisse déterminer les différences de niveau de A et de B, de B et de C, et ainsi de suite.

D'une première station M, placée à peu près à égale distance de A et de B, on détermine, par la méthode indiquée, la différence de niveau de ces deux points; d'une seconde station N, à peu près à égale distance de B et de C, on détermine la différence de niveau des points B et C, et ainsi de suite. En opérant ainsi, l'opérateur donne deux coups de niveau sur chacun des points intermédiaires, et obtient pour chacun de ces points deux hauteurs de mire différentes; pour éviter toute confusion, on suppose que la ligne polygonale ABC..... L est parcourue en avant dans le sens ABC..... L, en arrière dans le sens contraire, et on appelle *coup d'avant* tout coup de niveau donné par l'opérateur en regardant dans la première direction, *coup d'arrière* tout coup de niveau donné en regardant dans le sens opposé. Ainsi, de la première station M, le coup de niveau donné sur A est un coup d'arrière, le coup donné sur B est un coup d'avant. — De la seconde station, le coup de niveau donné sur B est un coup d'arrière, le coup donné sur C un coup d'avant. Pour abréger le langage, on appelle aussi coup d'avant ou coup d'arrière la hauteur de mire que l'on obtient en donnant un coup d'avant ou un coup d'arrière.

Désignons par les petites lettres non accentuées a, b, c,.... les coups d'avant des points A, B, C, ..., et par les mêmes petites lettres accentuées a' b' c',.... les coups d'arrière des mêmes points; le niveau étant en M, les hauteurs de mire des points A et B sont a' et b. Le niveau étant en N, les hauteurs de mire des points B et C sont b' et c, etc. Nous inscrivons les résultats de ces mesures dans un tableau à trois colonnes, ainsi qu'il suit :

POINTS NIVELÉS.	HAUTEUR DE MIRE	
	EN AVANT.	EN ARRIÈRE.
A.		a'
B.	b	b'
C.	c	c'
D.	d	d'
⋮	⋮	⋮
K.	k	k'
L.	l	

La différence de niveau des points A et B est la différence entre a' et b ; si a' est plus grande que b, il faut *monter* pour aller de A en B, la différence de niveau $a' - b$ est dite différence *montante ;* si a' est plus petite que b, il faut descendre pour aller de A en B, et la différence de niveau $b - a'$ est dite *descendante.*

Si l'on convient de regarder comme positives les différences montantes, et comme négatives les différences descendantes, la différence de niveau des points A et B est exprimée dans tous les cas par $a' - b$.

Il est clair que la différence de niveau des points extrêmes A et L est la somme algébrique des différences montantes ou descendantes, c'est-à-dire positives ou négatives, des points A et B, B et C, C et D,..., K et L. Elle est donc égale à

$$(a'-b)+(b'-c)+(c'-d)\ldots.+(k'-l)$$

ou à

$$(a'+b'+c'\ldots.+k')-(b+c+d\ldots.+l),$$

c'est-à-dire à l'excès de la somme des coups d'arrière sur la somme des coups d'avant.

Ainsi donc : ayant fait un nivellement composé entre les points A et L, et ayant écrit dans un tableau à trois colonnes les points nivelés, les coups d'avant et les coups d'arrière, *on obtient la différence de niveau des points* A *et* L *en calculant l'excès de la somme des coups d'arrière sur la somme des coups d'avant; la différence est montante si cet excès est positif, descendante s'il est négatif.*

Exemple numérique.

POINTS NIVELÉS.	COUPS DE NIVEAU.	
	AVANT.	ARRIÈRE.
A.		1^m,452
B.	1^m,312	1 ,743
C.	2 ,685	1 ,217
D.	0 ,748	1 ,352
E.	1 ,027	1 ,564
F.	1 ,231	
	7 ,003	7 ,328
	Différence.	+ 0^m,325

Dans ce nivellement, la somme des coups d'arrière est 7^m,328, la somme des coups d'avant 7,003; la différence de niveau entre les points extrêmes A et F est

$$7^m,328 - 7,003 = 0^m,325;$$

et elle est montante, ce qui veut dire que le point F est plus élevé que le point A.

Nivellement de plusieurs points par cheminement.

116. Lorsqu'on veut déterminer les cotes de plusieurs points A, B, C, D, E, F du terrain, connaissant déjà la cote de l'un de ces points, du point A par exemple, on peut opérer par *cheminement*, c'est-à-dire déterminer par un nivellement simple ou composé la différence de niveau des points A et B, par un nouveau nivellement simple ou composé la différence de niveau des points B et C, et ainsi de suite de proche en proche, et calculer successivement les cotes des points B, C, D,..., etc., à l'aide de ces différences. Supposons d'abord, pour plus de simplicité, que les points A, B, C,... soient placés de telle sorte que le nivellement simple puisse être effectué entre chacun de ces points et le point suivant. On opérera comme s'il s'agissait de faire un nivellement composé entre les points A et F, les points B, C, D, E étant les points intermédiaires, et l'on inscrira les points nivelés, les coups d'avant et les coups d'arrière dans un tableau à trois colonnes verticales, comme nous l'avons expliqué.

Ce tableau formé, on y ajoutera trois colonnes verticales contenant : la première, la différence de niveau d'un point au suivant quand cette différence est montante; la deuxième, la différence de niveau d'un point au suivant quand cette différence est descendante; la troisième, la cote de chaque point nivelé.

Pour expliquer comment on calcule ces différences et ces cotes, reprenons l'exemple précédent. En visant successivement les points A et B, d'une station placée entre ces deux points, on a obtenu $1^m,452$ pour coup d'arrière sur A, $1^m,312$ pour coup d'avant sur B; la différence de niveau de ces points est $1^m,452 - 1^m,312 = 0^m,140$; elle est positive, ou montante; on écrit donc $0^m,140$ en face de A dans la colonne des différences montantes. De même, en visant successivement B et C d'une station placée entre ces deux points, on a obtenu $1^m,743$ pour coup d'arrière sur B, $2^m,685$ pour coup d'avant sur C; la différence de niveau de B et C est $1^m,743 - 2^m,685 = - 0^m,942$; elle est négative, ou descendante; on écrit donc $0^m,942$ en face de B dans la colonne des différences descendantes. On calculera de la même façon les différences de niveau des points suivants. Comme il est à craindre que l'on n'ait commis quelque erreur dans cette série de soustractions, il est important d'en vérifier l'exactitude. On sait que la différence de niveau des deux points extrêmes A et F est égale, d'une part à l'excès de la somme des coups d'arrière sur la somme des coups d'avant, d'autre part à l'excès de la somme des différences montantes sur la somme des différences descendantes; on trouve ici $+ 0^m,325$ des deux manières.

POINTS NIVELÉS.	COUPS DE NIVEAU.		DIFFÉRENCES.		COTES.
	AVANT.	ARRIÈRE.	MONTANTES.	DESCENDANTES	
	m.	m.	m.	m.	m.
A....	....	...1,452....	...0,140....	....	..31,428
B.. .	...1,312....	..1,743....	....	...0,942....	..31,568
C....	...2,685....	...1,217....	...0,469 ...	....	..30,626
D....	...0,748....	...1,352 ...	...0,325....	....	..31,095
E ...	...1,027....	...1,564...	...0,333....	....	..31,420
F....	...1,231....	....	....	....	..31,753
	7,003	7,328	1,267	0,942	
	Différences.	+0,325	+0,325		+0,325

117. Soit $31^{m},428$ la cote du point A, c'est-à-dire sa hauteur au-dessus du plan général de comparaison; on l'inscrit en face de A dans la colonne des cotes. La différence de niveau entre A et B étant montante et égale à $0^{m},140$, la cote de B surpasse la cote de A de $0^{m},140$; elle est donc

$$31,428 + 0^{m},140 = 31^{m},568;$$

on l'inscrit dans la colonne des cotes, en face de B. La différence de niveau de A et C est descendante et égale à $0^{m},942$; la cote de C est inférieure à la cote de B de $0^{m},942$; elle est donc $31^{m},568 - 0^{m},942 = 30^{m},626$; on l'inscrit dans la colonne des cotes, en face de C; en continuant ainsi, on calcule successivement les cotes de tous les points nivelés.

On voit que *l'on obtient la cote d'un quelconque des points nivelés en augmentant ou diminuant la cote du point qui précède de la différence de niveau de ces deux points, selon que cette différence est montante ou descendante.*

On vérifie encore le calcul des cotes, en remarquant que la différence de niveau des points extrêmes A et F est l'excès de la cote du point F sur la cote du point A; si les cotes ont été bien calculées, cet excès doit donc être égal à l'excès de la somme des coups d'arrière sur la somme des coups d'avant, c'est-à-dire à $+ 0^{m},325$.

Si, entre deux sommets consécutifs, C et D par exemple, le

nivellement simple n'est pas praticable, on fait entre ces points un nivellement composé, et l'on forme le tableau du nivellement comme dans le cas précédent, en y faisant figurer les points auxiliaires pris entre C et D, comme chacun des points nivelés.

Vérification du nivellement.

118. Le nivellement effectué, il faut le vérifier. A cet effet, on recommence le nivellement en sens inverse, en allant de F vers A. Si l'on a bien opéré, il est clair que le second nivellement doit donner entre les points extrêmes la même différence de niveau que le premier. — D'après *Busson Descars*, les différences de niveau trouvées entre les points extrêmes par les deux opérations ne doivent pas différer de plus de 10 à 12 millimètres par kilomètre de longueur de la ligne polygonale nivelée.

119. Le plus souvent les opérations de nivellement ayant pour but de compléter la détermination géométrique de la forme d'un terrain dont on a déjà levé le plan, il convient de suivre dans ces nouvelles opérations identiquement la même marche que dans le levé du plan. On déterminera donc d'abord les cotes des sommets du polygone topographique; puis, prenant ces sommets pour points de *repère*, on déterminera, par de nouveaux nivellements, les cotes des points les plus importants; enfin, prenant ces derniers points cotés pour nouveaux points de repère, on déterminera encore les cotes d'un certain nombre de points de détail choisis de manière à donner une idée nette de la forme du terrain.

Nivellement d'un polygone topographique.

120. Soit à niveler un polygone topographique ABCDEF, que nous supposons d'abord tel que le nivellement simple puisse être pratiqué entre deux sommets consécutifs quelconques. On opérera par *cheminement* sur la ligne polygonale ABCDEFA, et on inscrira les résultats des opérations dans un tableau, comme nous l'avons expliqué; seulement, afin de vérifier l'exactitude des opérations, après avoir déterminé la différence de niveau des points E et F, on placera le niveau entre les points F et A, à peu près à égale distance de ces deux points, on donnera un coup d'arrière sur F et un coup d'avant sur A; et on inscrira encore ces deux coups de niveau dans le tableau du nivellement.

POINTS NIVELÉS.	COUPS DE NIVEAU.		DIFFÉRENCES.		COTES.
	AVANT.	ARRIÈRE.	MONTANTES.	DESCENDANTES.	
	m.	m.	m.	m.	
A		1,452	0,140		31,428
B	1,312	1,743			31,568
C	2,685	1,217	0,469	0,942	30,626
D	0,748	1,352	0,325		31,095
E	1,027	1,564	0,333		31,420
F	1,231	1,918		0,325	31,753
A	2,243				31,428
	9,246	9,246	1,267	1,267	
	Différence.	0	Différence.	0	

De cette manière, au lieu d'un nivellement composé entre les points A et F, on a effectué un nivellement composé entre A et A; la différence du niveau des points extrêmes A et A est évidemment nulle; mais cette différence est égale à l'excès de la somme des coups d'arrière sur la somme des coups d'avant; donc, si le nivellement est exact, *la somme des coups d'arrière est égale à la somme des coups d'avant.*

Si la différence de ces deux sommes n'excède pas 10 à 12 millimètres pour un polygone dont le périmètre est un kilomètre, on pourra regarder le nivellement comme suffisamment exact; mais si la différence est plus grande, il faut recommencer le nivellement.

121. On complétera ensuite le tableau en calculant les différences montantes ou descendantes et les cotes des sommets successifs, ainsi qu'il a été déjà expliqué. On vérifiera le calcul des différences, comme nous l'avons dit, en remarquant que l'excès de la somme des différences montantes sur la somme des différences descendantes doit être égal à l'excès de la somme des coups d'arrière sur la somme des coups d'avant. — On vérifiera aussi le calcul des cotes en remarquant que l'excès de la cote du point d'arrivée A sur la cote du point de départ A doit être égale à l'excès de la somme des coups d'arrière sur la somme des coups d'avant.

Plan de comparaison.

122. Pour que le nivellement d'un terrain puisse servir à constater les variations que la forme du terrain peut éprouver, il faut que les cotes des points nivelés soient rapportées à un plan de comparaison pris à une distance connue d'un point parfaitement fixe. A cet effet, s'il y a dans le voisinage du terrain à niveler quelque objet d'art ou un monument solide et immuable, on choisit pour point de *repère* un point déterminé de cet objet, on y fait placer la mire, et, par un nivellement préliminaire, on détermine la différence du niveau du repère et d'un sommet du polygone. On se donne arbitrairement la cote du repère, on en déduit celle du sommet du polygone, et on calcule les cotes des autres sommets du polygone ainsi que nous l'avons expliqué plus haut. Le registre du nivellement doit contenir la désignation et la cote du repère, et le nivellement préliminaire.

A défaut d'objet d'art ou de monument public, on prend pour repère l'appui d'une croisée, le seuil d'une porte, etc. Mais de pareils repères n'ont pas une fixité suffisante, et il faut, autant que possible, rattacher ces repères à d'autres dits *contre-repères* et déterminés par un signe conventionnel fait sur un rocher, sur un arbre, etc.

A Paris, la municipalité a fait placer, dans presque toutes les rues, des plaques métalliques (fig. 92), aux armes de la ville de Paris, portant écrit en toutes lettres *repère;* ces plaques sont solidement établies dans des murs parfaitement fixes, le bord supérieur fait saillie et présente une surface horizontale sur laquelle on peut établir commodément le pied de la mire; c'est cette surface qui sert de repère.

Sur la plaque on lit :

1° La hauteur du repère au-dessus de la surface moyenne de la mer idéalement prolongée.

Fig. 92.

2° La hauteur du repère au-dessus de l'*étiage* du pont de la Tournelle, c'est-à-dire au-dessus du niveau le plus bas de la Seine en été sous ce pont;

3° La distance du repère au plan général de comparaison adopté dans le nivellement de Paris. Ce plan a été choisi à 50 mètres au-dessus de la surface de l'eau dans le bassin de la Villette, alimenté par le canal de l'Ourcq, de sorte que ces dernières cotes sont comptées de haut en bas.

123. Nous donnons ici comme exemple le tableau du nivellement du polygone topographique de l'École normale. (Voy. la première partie, n° **18**).

Un repère se trouve dans la rue d'Ulm à proximité du sommet 8 du polygone, de sorte qu'il a été facile de mesurer la différence de niveau du repère et du sommet 8.

On lit sur ce repère :

57^{m},99 au-dessus du niveau moyen de la mer;

31^{m},74 au-dessus de l'étiage du pont de la Tournelle;

43^{m},50 niveau général de Paris.

Nivellement du polygone topographique de l'École normale.

POINTS NIVELÉS.	COUPS DE NIVEAU. AVANT.	COUPS DE NIVEAU. ARRIÈRE.	DIFFÉRENCES. MONTANTES.	DIFFÉRENCES. DESCENDANTES	COTES AU-DESSUS DU NIVEAU MOYEN DE LA MER.
	m.	m.		m.	
Repère.		1,475		0,099	57,990
8	1,574				
	m.	m.	m.	m.	m.
8		1,217		0,247	57.891
9	1,464	1,460	0.054		57.644
10	1,406	1,640	0,322		57,698
11	1,318	1,506		0,305	58,020
12	1,811	1,419		0,055	57,715
1	1,474	2,153	0,600		57,660
2	1,553	1,666		0,073	58,260
3	1,739	1,763	0,244		58.187
4	1,519	1,463		0,078	58,431
5	1,541	1,328		0,065	58,353
m	1,403	1,233		0,091	58,278
6	1,324	1,398		0,241	58,187
7	1,639	1,253		0,051	57,946
8	1,304				57.895
	19,495	19,499	1,220	1,216	
	Erreur	+0,004	+0,004		+0,004

Les points 5 et 6 étant trop éloignés (70^m) pour qu'on puisse opérer un nivellement simple entre ces deux points, on a pris un point intermédiaire *m* qui figure dans le tableau comme les sommets du polygone.

L'erreur commise est $0^m,004$; la longueur du périmètre du polygone est $406^m,90$, soit 400^m environ ; c'est donc une erreur de 1 millimètre sur un parcours de 100^m ou de 10 millimètres sur un parcours de 1 kilomètre. L'emploi du niveau d'eau ne permet pas d'espérer une plus grande exactitude.

Nivellement par rayonnement.

124. Le polygone topographique une fois nivelé, et les cotes des sommets calculées, on se sert des sommets du polygone omme de repères, pour déterminer les cotes des points les plus remarquables du sol. On opère alors par *rayonnement*, de manière à déterminer les cotes de plusieurs points avec une seule station du niveau.

Fig. 93.

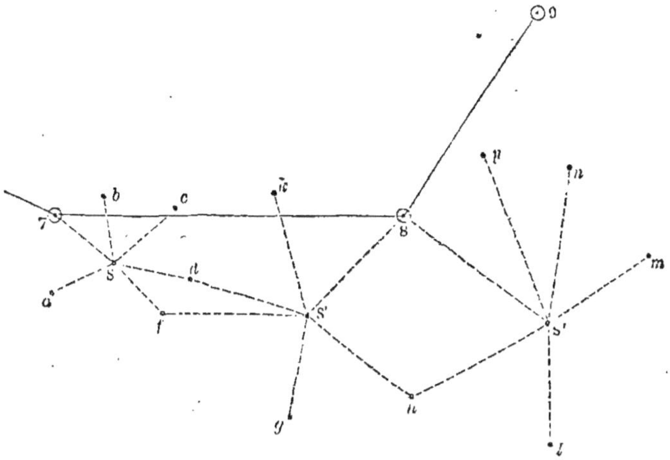

Soit par exemple à déterminer les cotes des points *a*, *b*, *c*,..., situés dans le voisinage des sommets (7), (8), (9), d'un polygone topographique (fig. 93).

On choisit un point S à peu près équidistant des points (7), *a*, *b*, *c*, *d*, *f*; un point S' à peu près équidistant de *d*, *f*, *g*, *h*, *k*, (8); un point S'' à peu près équidistant de (8), *h*, *l*, *m*, *n*, *p*. On met le niveau en S, et de cette station on vise la mire établie successivement aux points (7), *a*, *b*, *c*, *d*, *f*, et on inscrit dans un tableau les résultats des opérations. La première colonne contient la désignation des points de repère (7), (8), et de la station S; la seconde la désignation des points nivelés (7), *a*, *b*, *c*, *d*, *f*; la troisième les hauteurs de mire de ces différents points, le niveau étant placé en S; enfin la quatrième contient les cotes de ces différents points.

Pour former les nombres de cette quatrième colonne, on inscrit en face de (7) la cote connue de ce point, on calcule une fois pour toutes la cote du plan déterminé par le niveau placé en S. La hauteur de mire de (7) étant $1^m,423$, le point (7) est situé à $1^m,423$ au-dessous du plan horizontal déterminé par le niveau placé en S ; la cote de ce point étant $63^m,641$, celle du plan est $63^m,641 + 1^m,423 = 65^m,064$. On inscrit cette cote au-dessus de celle (7) et on tire au-dessous un petit trait horizontal, afin de ne pas la confondre avec les suivantes. Cette cote connue, pour obtenir celles des points *a*, *b*, *c*...., il suffit de retrancher de $65^m,064$ les hauteurs de mire qui correspondent à ces différents points. Pour le point *a* par exemple, la hauteur de mire étant $1^m,265$, ce point est à $1^m,265$ au-dessous du plan du niveau ; sa cote est donc égale à la cote du plan du niveau $65^m,064$ moins $1^m,265$, c'est-à-dire $63^m,799$.

REPÈRES ET STATIONS.	POINTS NIVELÉS.	HAUTEUR DE MIRE.	COTES.
			$65^m,064$
(7), (8)	(7)	1,423	63,641
	a	1,265	63,799
S	*b*	1,642	63,422
	c	2,641	62,423
	d	1,741	63,323
	f	2,043	63,021
			64,346
S′	*d*	1,325	63,021
	f	1,023	63,323
	g	1,612	62,734
	h	1,428	62,918
	k	2,037	64,309
	(8)	1,681	62,665
			63,096
(8), (9)	(8)	0,431	62,665
	h	0,178	62,918
S″	*l*	1,543	61,553
	m	1,845	61,251
	n	1,326	61,770
	p	0,782	62,314

De la station S', on vise deux points d et f, déjà visés de S, et les points g, h, k, (8). Après avoir inscrit les hauteurs de mire qui correspondent à ces points, on inscrit la cote déjà connue de d, et on calcule la cote du plan horizontal déterminé par le niveau placé en S'. Puis on s'en sert pour calculer les cotes des points f, g, h, k, (8) comme précédemment; et comme les cotes des points f et (8) sont déjà connues, on a deux vérifications de l'exactitude des opérations.

C'est par cette méthode que l'on a déterminé les cotes de tous les points remarquables des bâtiments de l'École normale. Ces cotes sont inscrites sur le plan à côté de ces points et sont placées entre parenthèses (fig. 1, pl. III).

Profils de nivellement.

125. Soient A, B, C, D, E, F (fig. 94) différents points du sol, A', B', C'.... leurs projections sur le plan général de comparaison; les plans projetants des droites AB, BC, CD.... forment

Fig. 94.

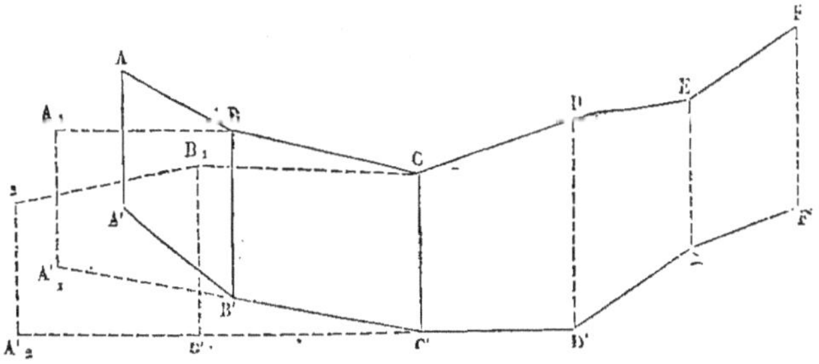

une surface prismatique composée de trapèzes rectangles ABA'B', BCB'C'...., qui, comme toutes les surfaces prismatiques, est développable, c'est-à-dire peut être appliquée tout entière sur un plan sans déchirure ni duplicature. On appelle *profil de nivellement* la figure plane résultant de ce développement. Pour effectuer le développement de cette surface prismatique, on imagine que le plan du premier trapèze ABA'B' tourne autour de BB' jusqu'à ce qu'il vienne se placer sur le plan du trapèze suivant BCB′C′; que ce plan, qui contient alors les deux premiers trapèzes, tourne autour de CC′ jusqu'à ce qu'il vienne se placer sur le plan du troisième trapèze CDC′D′; que ce plan, qui contient alors les trois premiers trapèzes, tourne autour de DD′ jusqu'à ce qu'il vienne s'appliquer sur le plan du trapèze suivant; et ainsi de suite, jusqu'à ce qu'on ait amené tous les trapèzes dans le plan du dernier. Il est clair que la ligne polygonale A′B′C′,.... se développe en ligne droite.

Les distances AA′, BB′, CC′.... sont les cotes des points A, B, C,....; elles sont déterminées par le nivellement; les longueurs A′B′, B′C′, C′D′,.... sont les projections horizontales des lignes AB, BC, CD,....; on les a mesurées à la chaîne. Avec ces données on peut donc construire à une échelle donnée le profil de la surface du terrain suivant la ligne polygonale ABC....

126. Les profils ont l'avantage de faire comprendre à première vue les inégalités du sol suivant une ligne polygonale déterminée. Pour rendre ces inégalités encore plus frappantes, on emploie souvent dans la construction du profil deux échelles différentes, l'une pour les longueurs horizontales, l'autre plus grande pour les hauteurs.

Prenons par exemple le polygone topographique de l'École normale; sur la droite AB (fig. 2, pl. III) nous porterons à la suite les unes des autres des longueurs représentant les côtés du polygone à l'échelle $\frac{1}{2000}$. Comme le terrain est très-peu accidenté, si nous adoptions la même échelle pour les hauteurs, les petites différences de niveau des sommets ne seraient pas sensibles; nous prendrons $\frac{1}{100}$ pour échelle des hauteurs, c'est-à-dire que nous représenterons 1^m de hauteur par 0,01; mais à cette échelle les cotes des différents sommets ne peuvent être portées tout entières sur le papier; on lève cette difficulté en donnant à la droite AB une cote inférieure à la cote la plus faible des sommets du polygone, 57^m par exemple; les hauteurs à construire au-dessus de AB ne sont plus alors que les excès des cotes des sommets sur 57^m.

Profils en long et en travers.

127. Pour faire connaître la forme de la surface d'un terrain, on fait souvent des profils dans deux sens différents, en long et en large, et on les désigne sous le nom de profils *en long* et profils *en travers*. S'il s'agit, par exemple, d'étudier un projet de route, on fait un profil en *long* suivant une ligne droite ou polygonale, tracée sur le sol dans le sens de la longueur du chemin, et, de distance en distance, on fait des profils en *travers* suivant des droites perpendiculaires aux différentes parties de la ligne polygonale qui détermine le profil en long.

Les profils en long sont nivelés par cheminement; mais les profils en travers, ayant d'ordinaire peu d'étendue, peuvent être nivelés d'une seule station, par rayonnement. On inscrit avec ordre les résultats du nivellement de chaque profil dans un tableau spécial, et on distingue ces profils les uns des autres par des numéros. La figure 5, pl. IV, représente le profil en long d'un terrain sur lequel on veut tracer une route; l'échelle des longueurs est $\frac{1}{2000}$, celle des hauteurs $\frac{1}{200}$. Le profil du terrain, tel qu'il est actuellement, est figuré en trait plein; le profil du terrain, la route supposée construite, est figurée en traits interrompus; les hachures verticales indiquent les masses de terre à enlever (déblais), les hachures horizontales les masses de terre à rapporter (remblais). Les figures 6 et 7 représentent les profils en travers n° 1 et n° 16 du même terrain, correspondant aux points 1 et 16 du profil en long; la figure 8 représente un profil type de la route, à une plus grande échelle, appliqué au profil transversal n° 16.

Des obstacles que l'on rencontre dans le nivellement d'un terrain.

128. Dans un pays couvert, on rencontre souvent des obstacles qui, arrêtant la vue, empêchent de faire un nivellement suivant un alignement déterminé. Souvent le moyen le plus simple est de modifier l'alignement de manière à tourner l'obstacle, sauf à reprendre au delà de l'obstacle la première direction. Si l'obstacle est une haie, on trouve presque toujours quelque trouée par laquelle on peut viser sans s'écarter beaucoup de l'alignement. Si c'est un mur d'enceinte, on profite d'une porte de communication, s'il y en a dans le voisinage; mais, s'il n'y en a pas, on prend la cote d'un point de l'arête supérieure du mur.

Fig. 95.

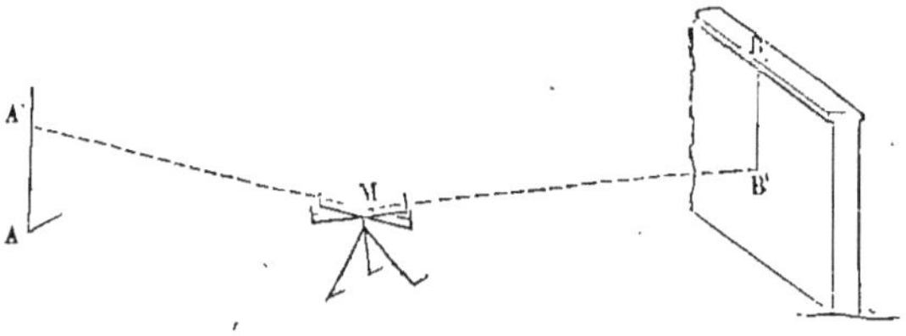

Soient A (fig. 95) un point voisin dont on connaît la cote, B un point de l'arête supérieure du mur; on installe le niveau en M, à peu près à égale distance de A et de B; on note la hauteur de mire AA' de A; un aide monte sur le mur, et tient à la main un fil à plomb qu'il laisse descendre le long du mur jusqu'au plan de niveau; il mesure ensuite la longueur BB' du fil; la cote du point B est la cote du point A....A augmentée de AA' + BB'. En opérant de même de l'autre côté du mur, de la cote connue du point B on déduira la cote d'un point C du sol, et on pourra continuer le nivellement. Dans cette opération, on remplace souvent le fil à plomb par la mire elle-même que l'on tient renversée, la pédale à la hauteur de l'arête du mur, le voyant en bas. On amène la ligne de foi dans le plan du niveau, et on lit directement sur la mire la longueur BB'.

CHAPITRE III.

PLANS COTÉS ET COURBES DE NIVEAU.

Plans cotés. — Courbes de niveau. — Tracé des courbes de niveau.

Plans cotés.

129. Les lignes et les points remarquables du terrain forment une certaine figure qui est complétement déterminée de grandeur et de position, quand on a fait le levé du plan et le nivellement du terrain. Comme généralement elle n'est pas plane, on ne peut pas la représenter sur le papier par une figure semblable; il paraîtrait tout naturel de la représenter par ses deux projections sur deux plans rectangulaires, comme on fait en géométrie descriptive, en prenant pour l'un des plans de projection le plan horizontal qui sert de plan de comparaison, et pour plan vertical un plan vertical quelconque déterminé par sa ligne de terre. La projection horizontale de la figure est le plan même du terrain; mais la projection verticale présenterait une grande confusion, plusieurs points du sol ayant généralement même projection sur le plan vertical; on préfère écrire près de la projection horizontale de chaque point la cote de ce point, ou sa hauteur au-dessus du plan de comparaison. Pour distinguer les nombres qui indiquent des cotes de hauteur, de ceux qui indiquent les longueurs horizontales, on écrit les premiers entre parenthèses. Un plan, sur lequel on a inscrit de cette manière les cotes des points remarquables, est un *plan coté*. Tel est le plan coté de l'École normale (fig. 1, pl. III).

Courbes de niveau.

130. Les cotes suffisent pour déterminer les lignes bien définies, telles que lignes de séparation, traces de murs ou de bâtiments sur le sol, et un certain nombre de points remarquables. Mais, si l'on voulait déterminer ainsi la surface d'un terrain ondulé et découvert, on devrait inscrire sur le plan les cotes d'un très-grand nombre de points. Ces cotes, nombres de trois ou quatre chiffres au moins, suivant qu'on tient compte des centimètres ou des millimètres, ne pourraient être lues et conçues simultanément; le plan, loin de parler aux yeux, serait presque inintelligible, et la confusion serait d'autant plus grande que les points nivelés et cotés seraient plus nombreux. On a dû recourir à un moyen purement géométrique.

Pour déterminer et représenter géométriquement la surface d'un terrain, on imagine un certain nombre de plans horizontaux équidistants, qui coupent la surface du sol suivant des lignes appelées *sections horizontales* ou *courbes de niveau*. On projette ces lignes sur le plan général de comparaison, et on les rapporte sur le papier, où chacune est représentée par sa projection et une cote *unique*. On obtient ainsi sur le plan un dessin qui a l'avantage de déterminer géométriquement un certain nombre de lignes tracées sur la surface et par suite la surface elle-même, et de montrer aux yeux, d'une manière très-expressive, la forme générale et le mouvement de la surface du terrain.

151. La première idée de ce procédé ingénieux est due au geographe *Buache*, qui le premier fit usage des courbes de niveau pour représenter le fond de la Manche (carte de la Manche présentée à l'Académie des sciences en 1737). Il prévit aussi l'avantage qu'on pouvait retirer de l'emploi de ces courbes en topographie; mais c'est *Ducarla*, de Genève, qui le premier fit connaître la marche à suivre pour déterminer sur le sol, lever, et rapporter sur le papier, les sections horizontales d'un terrain d'une assez grande étendue.

Les plans horizontaux, suivant lesquels on coupe la surface du sol, sont choisis de manière à avoir pour cotes des nombres entiers; on les prend à 1^m, 2^m, 4^m, 5^m, 10^m, les uns des autres, suivant l'étendue et la pente du terrain qu'on veut représenter, et le degré de précision qu'exige le but pour lequel on effectue le nivellement.

Tracé des courbes de niveau.

132. Si le terrain est peu étendu, connaissant la cote d'un point, on peut déterminer sur le sol, avec la mire et le niveau, autant de points que l'on veut des différentes courbes de niveau.

Fig. 96.

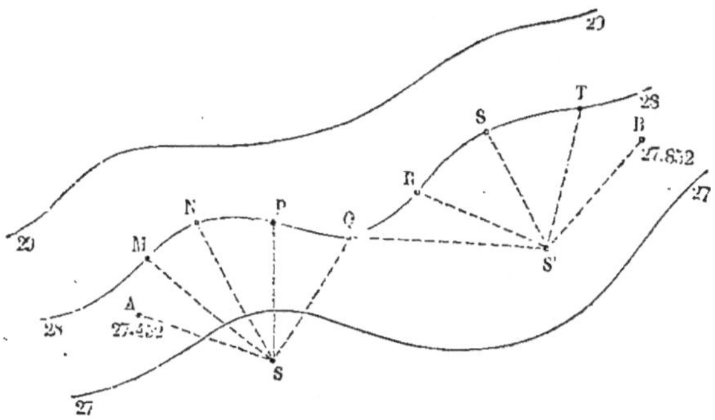

Soit, en effet, 27ᵐ,452 la cote d'un certain point A du sol; pour déterminer des points de la courbe de niveau ayant pour cote 28ᵐ, on installe le niveau S (fig. 96), à quelque distance du point A, et on donne un coup de niveau vers A; la mire étant placée en A et la ligne de foi amenée dans le plan horizontal du niveau, on baisse le voyant de $28^m - 27^m,452 = 0^m,548$, et on le fixe dans cette position. Cela fait, tout point du sol tel que la mire tenue verticalement en ce point ait sa ligne de foi dans le plan du niveau, est un point de la courbe 28. L'aide se déplace donc avec la mire, de manière à s'élever d'environ 0ᵐ,5; lorsqu'il croit avoir rempli cette condition, il pose la mire verticalement, l'opérateur donne un coup de niveau, et selon que la ligne de foi de la mire lui apparaît au-dessus ou au-dessous du plan du niveau, il fait signe à l'aide de descendre ou de monter sur le sol. Quand enfin, après quelques tâtonnements, la ligne de foi de la mire est bien dans le plan du niveau, le pied de la mire est placé sur un point de la courbe, et l'opérateur fait signe à l'aide d'y planter une fiche, ou un petit piquet. De la même station S, et avec la même hauteur de mire, l'opérateur détermine ainsi autant de points M, N, P, Q de la courbe 28, distants les uns des autres d'une dizaine de mètres, que le lui permet la portée limitée de son instrument. Il choisit ensuite une nouvelle station S′, et y établit son niveau; il fait placer la mire sur le dernier point trouvé Q, amener la ligne de foi dans le plan du niveau, et de cette station, sans changer la position du voyant sur la mire, il détermine encore un certain nombre de points R, S, T de la même courbe.

En continuant ainsi de proche en proche, on détermine, dans toute l'étendue du terrain, des points de la courbe 28 assez voisins pour qu'on puisse regarder la courbe elle-même comme complétement déterminée.

En partant d'un point quelconque de la courbe 28, on détermine les points de la courbe 29, comme on a déterminé ceux de la courbe 28 en partant du point A, et ainsi de suite.

Mais il est essentiel de vérifier l'exactitude de ces différentes opérations, de crainte d'arriver à des résultats tout à fait inexacts par suite de l'accumulation des erreurs. On y parvient en déterminant directement, par un nivellement préalable, qui a dû être lui-même vérifié, les cotes d'un certain nombre de points du sol, A, B,..., et vérifiant, pour chaque courbe de niveau, que la différence de niveau d'un de ses points et d'un point dont la cote a été établie directement, est égale à la différence des cotes de la courbe et du point. Si, par exemple, la courbe 28 passe dans le voisinage du point B, dont la cote est $27^m,852$, quand on a déterminé un point T de la courbe voisin de B, sans changer le niveau de place, on porte la mire en B, on élève le voyant de $28^m - 27^m,852$, c'est-à-dire de $0^m,148$; si le nivellement est exact, la ligne de foi de la mire doit être dans le plan du niveau

133. Ce qui précède suffit pour faire comprendre comment on détermine les sections horizontales sur un terrain d'une petite étendue. Mais, quand les dimensions du terrain atteignent seulement quelques centaines de mètres, pour déterminer exactement les sections horizontales, il faut suivre une marche régulière que nous allons expliquer sur un exemple. On commence par déterminer les sommets d'un polygone topographique (1, 2, 3,..., 14) dont le périmètre suit le contour du terrain (fig. 3, pl. III). On effectue et on vérifie le nivellement de ce polygone, ainsi qu'il a été précédemment expliqué. Connaissant les cotes des sommets, si l'on veut obtenir les sections horizontales faites par des plans distants les uns des autres de 5 mètres, on cherche sur les côtés (1-2), (2-3), (3-4),... du polygone les points qui ont pour cotes des nombres entiers de mètres multiples de 5. Sur le côté (1-2), dont les points extrêmes ont pour cotes 354^m,72 et 343^m,51, on cherche par une série de nivellements simples les points ayant pour cotes 354^m, 353^m, 352^m,...., 344, et on vérifie cette opération en s'assurant que la cote du sommet (2) est inférieure à celle du point 344^m de 344^m — 343,51 = 0^m,49 ; alors on plante un petit piquet aux points 350 et 345. On opère de même sur le côté (2-3), et on plante des petits piquets aux points 340 et 335, et ainsi de suite, jusqu'à ce qu'on ait parcouru tout le polygone. Cela fait, on détermine un certain nombre de profils, autant que possible dans le sens de la plus grande pente, et de telle sorte que la distance de deux profils ne surpasse pas 400^m. Dans cet exemple, on a déterminé des profils suivant les traverses (1*ab*10), (2*cdf*8), (*ghbfk*). En opérant sur les profils comme on a opéré sur les côtés du polygone, et en se servant des cotes des points extrêmes, on détermine, *avec vérification*, sur chacun d'eux, les points dont les cotes sont des nombres entiers de mètres multiples de 5. On obtient de cette manière, avec une très-grande exactitude, plusieurs points de chacune des courbes de niveau, et la distance de deux points consécutifs ne surpasse pas 400^m. On s'occupe alors de tracer les courbes de niveau. Considérons, pour fixer les idées, la courbe de niveau 310, dont quatre points, *m*, *n*, *p*, *q* sont déjà connus. En partant du point *m* de cette courbe, situé sur le côté 12-13, on déterminera par la méthode du n° **132** autant de points de cette courbe que l'on voudra entre *m* et *n*, et on vérifiera l'exactitude de ces opérations en s'assurant que le point *n* est de niveau avec le dernier point trouvé. On opérera de même entre *n* et *p*, entre *p* et *q*.

154. Les courbes de niveau étant ainsi marquées sur le sol par des jalons ou des piquets, on en fait le levé, et on les rapporte sur le papier. Pour cela, on lève d'abord le polygone topographique, puis les traverses suivant lesquelles on a fait les profils, et les points des courbes de niveau obtenus par le premier nivellement, et on les rapporte sur le papier. On lève ensuite, et on construit sur le papier, les points fournis par le second nivellement, au fur et à mesure qu'on les détermine.

On abrége beaucoup le levé des courbes de niveau, en ne déterminant sur chacune d'elles que des points assujettis à une certaine condition. Par exemple, pour déterminer la courbe 310, au lieu de chercher sur le sol des points quelconques de cette courbe entre *m* et *n*, on cherche des points *r*, *s*, *t*, *u*, distants les uns des autres de 10^{m} (fig. 97). On y parvient aisément en fixant au pied de la mire l'une des poignées de la chaîne d'arpenteur; un aide tient la poignée libre sur le dernier point trouvé, tandis qu'un autre aide, portant la mire et la chaîne tendue, se déplace sur un arc de cercle de 10^{m} de rayon dont le centre est le dernier point trouvé, et cherche un point de la courbe sur cet arc.

Fig. 97.

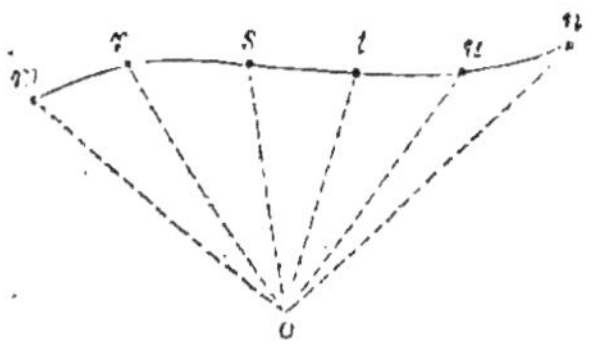

Un dessinateur, muni d'une planchette, est en station en un point *o* rattaché au polygone; dès que la mire est sur un point *r* de la courbe, il la vise et trace sur le papier la ligne *or* qui contient le point *r*; le point *m* est déjà marqué : de ce point comme centre, avec un rayon représentant 10^{m} à l'échelle employée, il trace un arc de cercle qui coupe la droite *or* au point *r*.

A la vérité, cet arc coupe généralement la droite en deux

points; mais comme le dessin se fait sur les lieux, pendant que la mire est sur le point du sol qu'il faut représenter, il est toujours facile de reconnaître celui de ces deux points qui convient.

135. On opère plus rapidement encore de la manière suivante. On trace sur le terrain une droite quelconque LL′ (fig. 98), rattachée au polygone; on mène des perpendiculaires à cette ligne en des points R, S, T, U, situés de 10^m en 10^m, par exemple, et on jalonne ces lignes. On cherche ensuite, par les procédés que nous avons expliqués, les points *r*, *s*, *t*, *u* de la courbe 310 situés sur ces lignes; puis les points *r′*, *s′*, *t′*, *u′* de la courbe 315, les points *r″*, *s″*, *t″*, *u″* de la courbe 320, etc.

Fig. 98.

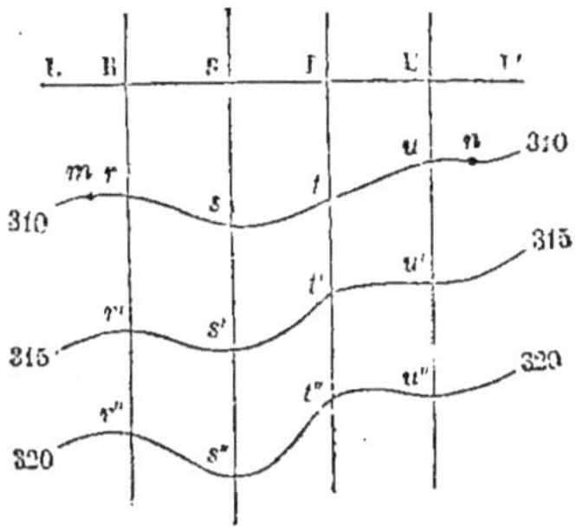

Après avoir marqué sur le papier la droite LL′, les points R, S, T, U, et élevé en ces points des perpendiculaires à LL′, pour pouvoir marquer les points *r*, *r′*, *r″*, *s*, *s′*, *s″*, *t*, *t′*, *t″*, etc., il suffit de connaître les longueurs R*r*, R*r′*, R*r″*, S*s*, S*s′*, S*s″*, etc., que l'on mesure à la chaîne. Ces points rapportés sur le papier, on dessine les courbes de niveau pendant qu'on est sur le terrain, afin de reproduire leur forme aussi fidèlement que possible.

Dans les opérations de ce genre qui ont une grande étendue, il faut absolument, pour le nivellement du polygone et des profils, se servir du niveau à bulle d'air; le niveau d'eau ne peut alors être employé que pour déterminer des points d'une courbe de niveau entre deux points déjà connus.

CHAPITRE IV.

PLANS COTÉS.

Représentation d'un point, d'une droite sur un plan coté. — Problèmes sur les plans cotés. — Lecture d'une carte topographique. — Plans-reliefs. — Lignes de faîte et thalwegs.

156. Sur un plan coté, un point est représenté par sa projection et sa cote. Pour faciliter les explications, nous emploierons les notations de la géométrie descriptive; nous désignerons les points de l'espace par les grandes lettres A, B, C,... (fig. 99), leurs projections sur le plan horizontal par les petites lettres correspondantes *a*, *b*, *c*,... Pour représenter sur un plan

Fig. 99.

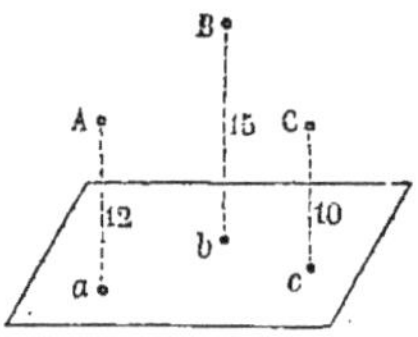

Fig. 100.

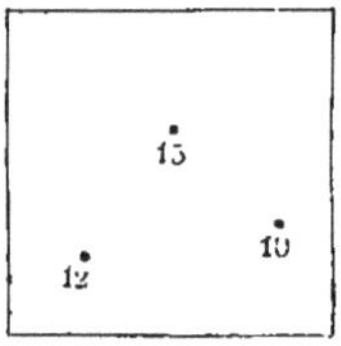

coté le point A, on marque un point sur le papier en *a*, et à côté on inscrit la valeur numérique de la cote. Ainsi les points 12, 15, 10 (fig. 100) désignent les points A, B, C, qui ont leurs

Fig. 101.

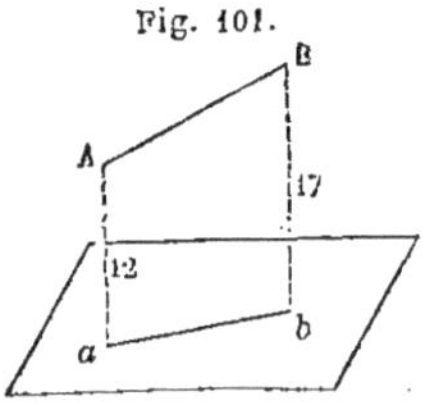

Fig. 102.

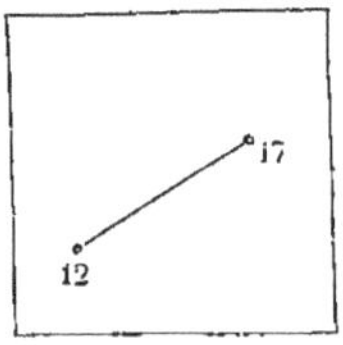

projections aux points marqués à côté de ces nombres, et dont les cotes sont 12^m, 15^m et 10^m.

Une droite est représentée par sa projection et les cotes de deux de ses points. Soient A et B deux points d'une droite (fig. 101); on marque sur le papier les projections a et b de ces deux points; on inscrit à côté leurs cotes, puis on les joint par une ligne droite (fig. 102).

Lorsque la droite est horizontale, tous ses points ont même cote. Lorsqu'elle est verticale, sa projection est un point.

Problème I.

157. *Connaissant la cote d'un point situé sur une droite donnée, trouver la projection de ce point.*

Sur une droite donnée AB, définie par sa projection ab et par les cotes Aa et Bb des deux points A et B, il s'agit de trouver la position du point C, dont on connaît la cote Cc (fig. 103).

Fig. 103.

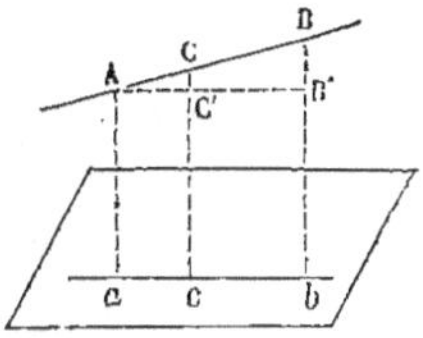

Pour fixer les idées, supposons $Bb > Aa$. Si $Cc > Aa$, la longueur ac est dirigée dans le sens ab. Par le point A menons une parallèle à ab; elle coupe Bb en B', et Cc en C'; les triangles ACC', ABB' étant semblables, on

$$\frac{AC'}{AB'} = \frac{CC'}{BB'};$$

mais

$$AC' = ac, \qquad AB' = ab;$$

d'ailleurs

$$CC' = Cc - Aa, \qquad BB' = Bb - Aa;$$

donc

$$ac = ab \times \frac{Cc - Aa}{Bb - Aa}.$$

La longueur ac détermine la position du point c.

Si l'on a $Cc < Aa$, la longueur ac est dirigée dans le sens opposé au sens de *ab* (fig. 104). En menant par le point A une parallèle AB′ à *ab*, on a encore deux triangles semblables ACC′, ABB′, qui donnent

Fig. 104.

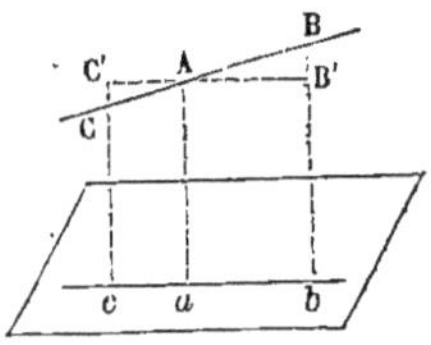

$$\frac{AC}{AB'} = \frac{CC'}{BB'},$$

d'où

$$ac = ab \times \frac{Aa - Cc}{Bb - Aa}.$$

La première formule est applicable dans les deux cas, si l'on convient de regarder la longueur *ac* comme positive quand elle est portée dans le sens *ab*, et comme négative quand elle est portée dans le sens opposé.

Enfin, si l'on a $Bb < Aa$, il est facile de voir que la même formule est encore applicable, quel que soit C*c*, en interprétant de la même manière la valeur positive ou négative de *ac*.

Problème II.

138. Réciproquement, *trouver la cote d'un point situé sur une droite donnée, connaissant la projection de ce point.*

La droite donnée est toujours définie par les cotes de deux de ses points A et B. On demande la cote d'un point C pris sur cette droite. Supposons d'abord $Bb > Aa$. Si la droite *ac* est dirigée dans le sens *ab*, la cote C*c* est plus grande que A*a* (fig. 103). En menant par le point A, comme précédemment, une parallèle à *ab*, on a deux triangles semblables ABB′, ACC′, qui donnent

$$\frac{CC'}{BB'} = \frac{AC'}{AB'};$$

on en déduit

$$Cc - Aa = CC' = (Bb - Aa) \times \frac{ac}{ab};$$

d'où

$$Cc = Aa + (Bb - Aa) \times \frac{ac}{ab}.$$

Si la longueur *ac* est dirigée dans le sens opposé au sens de *ab*, la cote C*c* est supérieure à A*a* (fig. 104), et l'on a

$$Cc = Aa - (Bb - Aa) \times \frac{ac}{ab}.$$

Cette formule rentre dans la précédente, en regardant comme négative la longueur *ac* qui est ici dirigée dans le sens opposé à celui de *ab*.

On voit aisément que la même formule est encore applicable quand on a $Bb < Aa$, quelle que soit la position du point *c*, pourvu qu'on fasse toujours la même convention sur le signe de *ac*.

Problème III.

159. *Trouver la pente d'une droite.*

On appelle *inclinaison* d'une droite l'angle aigu que fait cette droite avec sa projection sur un plan horizontal. On appelle *pente* de la droite, la tangente trigonométrique de l'inclinaison. D'après cela, la pente est nulle quand l'inclinaison est nulle, c'est-à-dire quand la droite est horizontale; la pente varie de 0 à 1 quand l'inclinaison varie de 0 à 45°, et de 1 à l'infini quand l'inclinaison varie de 45° à 90°. La pente est infinie quand la droite est verticale.

Fig. 105.

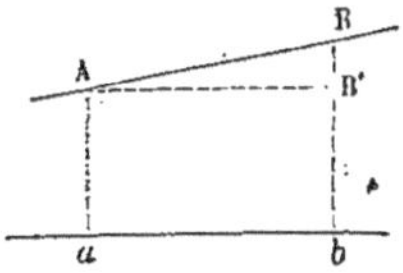

Soient A et B deux points d'une droite, *a* et *b* leurs projections (fig. 105). En désignant par *p* la pente de cette droite, par *i* son inclinaison, on a $p = \text{tang}\, i$. Par le point A menons AB' parallèle à *ab*; le triangle BAB' donne $BB' = AB' \times \text{tang}\, BAB'$. L'angle BAB' est l'inclinaison de la droite; la tangente de cet angle est la pente; on a donc

$$p = \text{tang}\, i = \frac{Bb - Aa}{ab}.$$

Ainsi, *la pente d'une droite est égale au rapport de la différence de niveau de deux points de cette droite à la distance horizontale de ces deux points.*

Problème IV.

140. *Construire l'échelle de pente d'une droite*

De la même formule on déduit

$$ab = \frac{Bb - Aa}{p}.$$

Ainsi, *lorsqu'on divise la différence de niveau de deux points d'une droite par la pente de la droite, on obtient la distance horizontale de ces deux points.*

On voit par là que, si l'on prend sur une droite quelconque AB (fig. 106) une série de points M, N, P, Q, tels que la différence de niveau de deux points consécutifs soit constante et égale à h, la distance horizontale d de deux points consécutifs est aussi constante et égale à $\frac{h}{p}$.

Fig. 106.

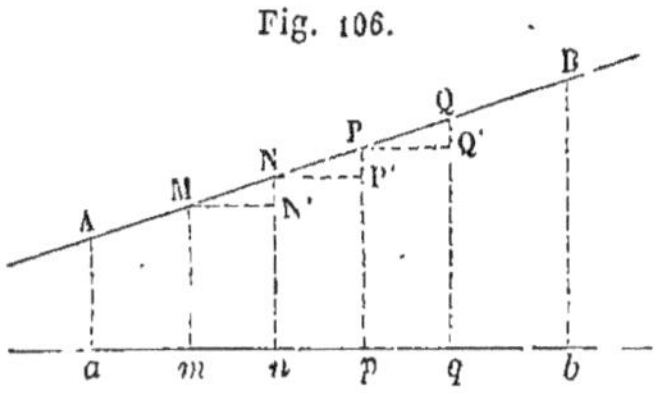

En particulier, si on fait $h = 1^{m}$, on a

$$d = \frac{1}{p}.$$

Ainsi, *la distance horizontale de deux points d'une droite dont la différence de niveau est* 1^{m}, *est l'inverse de la pente de la droite.* Et réciproquement, *la pente d'une droite est l'inverse de la distance horizontale de deux points de cette droite dont la différence de niveau est* 1^{m}.

Si l'on considère les points d'une droite qui ont pour cotes des nombres entiers consécutifs, leurs projections partagent la projection de la droite en parties égales; et ces parties sont d'autant plus petites que la droite a une plus grande pente. Ce mode de division de la projection de la droite constitue ce que l'on nomme l'*échelle de pente de la droite.*

141. Étant données les projections a, b, et les cotes Aa, Bb de deux points A, B d'une droite, il est facile de construire l'échelle de pente de cette droite. On cherchera d'abord la projection m d'un point M ayant une cote entière Mm, au moyen de la formule

$$am = ab \times \frac{\mathrm{M}m - \mathrm{A}a}{\mathrm{B}b - \mathrm{A}a},$$

établie au n° **137**.

A partir de ce point m, on portera ensuite à droite et à gauche sur ab, à la suite les uns des autres, des longueurs égales à la distance horizontale de deux points de la droite dont la différence de niveau est 1^{m}, distance égale à $\frac{1}{p}$, c'est-à-dire à $\frac{ab}{\mathrm{B}b - \mathrm{A}a}$; les points de division ainsi obtenus ont pour cotes les nombres entiers consécutifs ascendants ou descendants. Ordinairement on partage l'une de ces divisions en 10 parties égales.

Si, par exemple (fig. 107), deux points, dont la distance

Fig. 107.

horizontale est 56^{m}, ont pour cotes $48^{\mathrm{m}},67$ et $51^{\mathrm{m}},48$, la distance du point 48,67 au point qui a pour cote le nombre entier 49 est $56 \times \frac{0,33}{51,48 - 48,67} = 6^{\mathrm{m}},2$; et la longueur de chaque division de l'échelle de pente est $56 \times \frac{1}{51,48 - 48,67} = 19^{\mathrm{m}},9$.

L'échelle de pente une fois construite, on peut s'en servir pour résoudre immédiatement ce double problème : *Connais-*

sant la cote d'un point situé sur une droite donnée, trouver la projection de ce point, et vice versa.

Supposons l'échelle de pente de la droite construite (fig. 108);

Fig. 108.

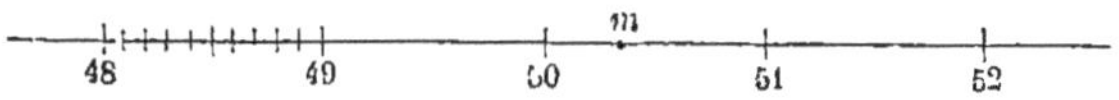

on demande, par exemple, la projection *m* du point qui a pour cote $50^{m},34$. Ce point *m* est entre les points 50 et 51, à une distance du point 50 qui est les 0,34 d'une division de l'échelle de pente; sur la division qui a été partagée en 10 parties égales, prenez avec un compas une longueur qui comprend 3 de ces petites divisions, plus une fraction 0,4 de division que l'on évalue à vue d'œil; portez cette longueur sur la droite à partir du point 50 du côté de 51, vous aurez le point demandé.

Inversement, *étant donnée la projection* m *d'un point de la droite, trouver sa cote*. On voit d'abord qu'elle est égale à 50^{m}, plus une fraction de mètre; on évalue cette fraction en prenant avec un compas la distance du point 50 au point *m*, et en la portant sur la division de l'échelle partagée en 10 parties égales. On trouve 3 divisions, plus environ 0,4 de division; la cote du point est donc $50^{m},34$.

Problème V.

142. *Trouver l'inclinaison d'un chemin tracé sur un plan coté.*

Soit *abcdf* un chemin tracé sur un plan coté (fig. 109).

Pour trouver l'inclinaison du chemin entre les deux points A et B situés sur les courbes de niveau 80 et 75, que l'on suppose assez rapprochées pour que le chemin puisse être regardé comme sensiblement rectiligne dans cet intervalle, il suffit de construire un triangle rectangle BA'A, dans lequel le côté de l'angle droit A'B est égal à *ab*, et l'autre côté AA' est égal à 5 mètres. L'angle ABA' est l'inclinaison du chemin. La

Fig. 109.

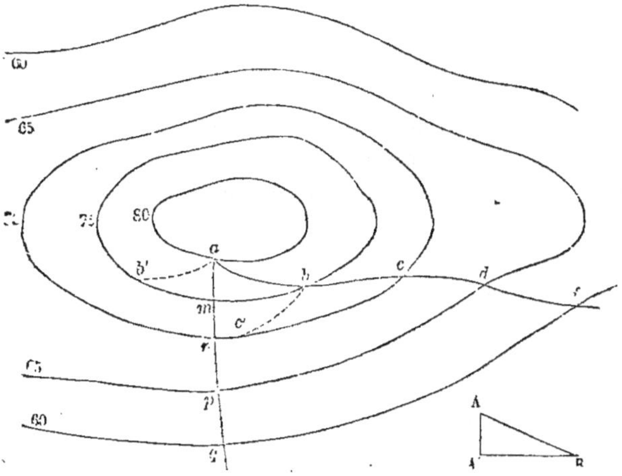

pente du chemin entre les mêmes points est le quotient de 5 par la longueur *ab*.

Manière de représenter un plan. — Échelle de pente d'un plan.

143. Un plan est déterminé lorsqu'on donne deux droites situées dans ce plan. On peut donc représenter un plan quelconque, sur un plan coté, par les projections et les échelles de pente de deux droites situées dans ce plan. Telles sont (fig. 110) les droites *ab* et *cd*, projections de AB et de CD. Si l'on joint les points 0-0, 1-1, 2-2,... des droites *ab* et *cd*, on obtient les horizontales du plan qui ont pour cotes 0, 1, 2,... ; ces projections sont parallèles et équidistantes et

Fig. 110.

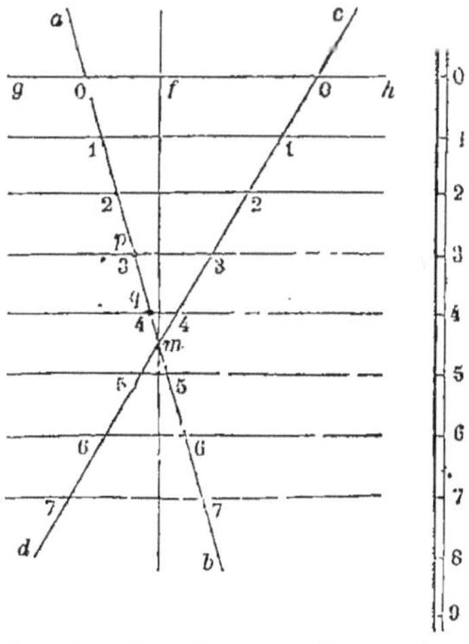

peuvent être prises pour représenter le plan sur le papier;

celle qui a pour cote 0 est la trace du plan sur le plan horizontal de projection.

Outre l'avantage de montrer aux yeux d'une manière très-expressive la position du plan, ces parallèles permettent encore de trouver immédiatement la pente d'une droite située dans le plan, quand on connaît la projection de cette droite. Soit, en effet, *ab* la projection d'une droite AB située dans le plan, *p* et *q* les points où elle rencontre les projections des horizontales 3 et 4, on obtient la pente de la droite en divisant la différence de niveau des points P et Q, c'est-à-dire 1^m, par la distance horizontale *pq* de ces points.

144. Il suit de là que, si par le point *m* du plan on mène dans ce plan une droite quelconque ayant pour projection *ma*, 1° la pente de cette droite est d'autant plus grande que la portion *pq*, comprise entre deux horizontales consécutives, est plus petite; 2° de toutes les lignes que l'on peut mener par le point *m* dans le plan, celle qui a la plus grande pente est celle dont la projection *mf* est perpendiculaire aux projections des horizontales du plan. Dans l'espace, cette ligne de plus grande pente est elle-même perpendiculaire aux horizontales du plan.

Étant donnée la projection de la ligne de plus grande pente d'un plan et son échelle de pente, il suffit, pour tracer les projections des horizontales équidistantes du plan, de mener par les points de division de la ligne de plus grande pente des perpendiculaires à cette ligne. Il est commode de représenter un plan sur un plan coté par la projection de la ligne de plus grande pente, avec son échelle de pente. Cette échelle porte elle-même le nom d'*échelle du plan*, et pour la distinguer des échelles des droites, on la construit sur deux droites voisines et parallèles.

Problème VI.

145. *Trouver l'échelle d'un plan passant par trois points donnés.*

Soient *a*, *b*, *c* les projections des trois points donnés. Sur la droite ab (fig. 111) je cherche le point c' projection d'un point dont la cote est la même que celle du point c, et je joins cc'; cette ligne est la projection d'une horizontale du plan. Je mène une perpendiculaire quelconque mn à cc', c'est la projection d'une ligne de plus grande pente du plan; cette ligne coupe l'horizontale cc' en un point c_1, dont la cote est la même que celle du point c; elle coupe aussi l'horizontale du plan mené par le point b en un point b_1, dont la cote est la même que celle du point b. On connaît ainsi les projections et les cotes de deux points b_1 et c_1 d'une ligne de plus grande pente; on peut construire l'échelle du plan (nº **140**).

Fig. 111.

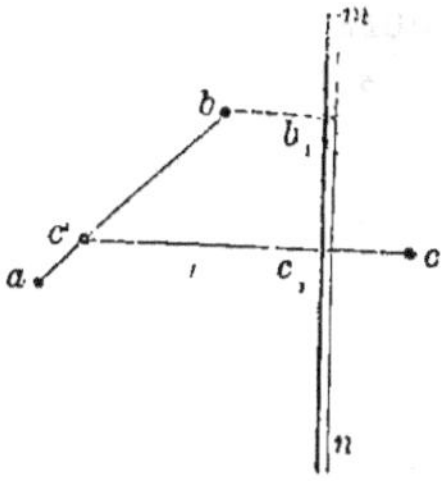

PROBLÈME VII.

146. *Deux plans étant donnés par leurs échelles de pente, construire la projection et l'échelle de leur intersection.*

Soient mn, pq (fig. 112) les projections des lignes de plus grande pente des deux plans. Je conçois un plan horizontal dont la cote est α; il coupe le plan mn suivant une horizontale ayant pour projection la perpendiculaire à mn, menée par le point qui a pour cote α, et le plan pq suivant une horizontale qui a pour projection la perpendiculaire à pq, menée par le point de cette ligne qui a pour cote α. Ces deux horizontales, étant dans un même plan, se coupent en un point A, qui a pour projection a, pour cote α, et qui appartient à l'intersection des deux plans.

Fi . 112.

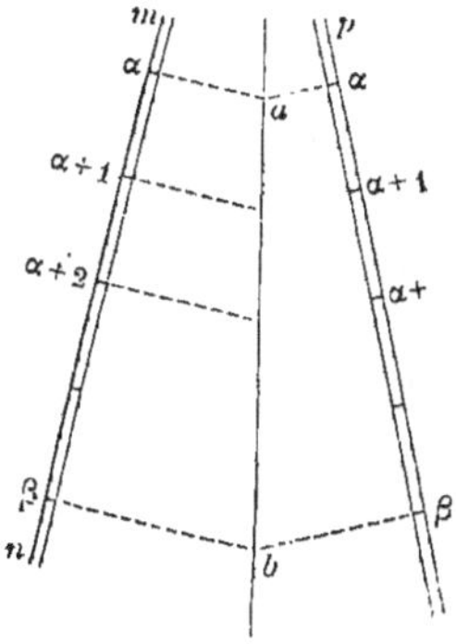

En imaginant de même un second plan horizontal ayant pour cote β, on obtient un second point B de l'intersection ayant pour projection *b*, et pour cote β.

On connaît ainsi deux points A et B de la ligne d'intersection par leurs projections et leurs cotes; il est facile de construire l'échelle de pente de cette droite. On l'obtient d'ailleurs immédiatement en menant par les points de division de l'échelle *mn* des perpendiculaires à *mn;* ces lignes coupent *ab* précisément aux points de division de l'échelle de *ab*.

Problème VIII.

147. *Connaissant l'échelle de pente d'un plan, la projection et l'échelle d'une droite, trouver la projection et la cote du point où la droite perce le plan.*

Soient *mn* l'échelle de pente du plan, *pq* celle de la droite (fig. 113), imaginons le plan qui a pour échelle de pente *pq*, et construisons son intersection *ab* avec le plan *mn*. Prolongeons cette droite *ab* jusqu'à sa rencontre en *r* avec la droite *pq*; la droite AB dans l'espace étant située dans un même plan avec la droite PQ (le plan dont l'échelle de pente est *pq*), rencontre cette ligne en un point R, qui a pour projection *r*; cette droite AB étant d'ailleurs située dans le plan *mn*, le point R appartient à la fois au plan *mn* et à la droite PQ; c'est le point cherché. On obtiendra facilement la cote de ce point au moyen de l'échelle de pente de la droite PQ.

Fig. 113.

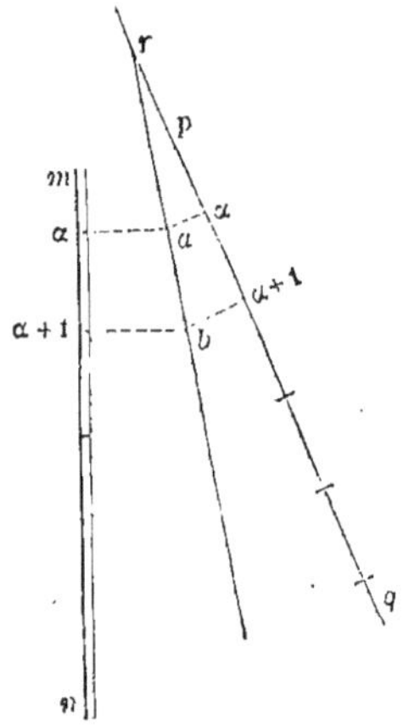

Problème IX.

148. *Trouver l'échelle de pente d'un plan passant par un point dont on donne la projection et la cote, et parallèle à deux droites dont on donne les projections et les échelles de pente.*

Soient a la projection du point donné A, dont nous représentons la cote par α; mn et pq les projections et les échelles des deux droites données (fig. 114). Par le point A, menons une droite M'N' parallèle à MN; sa projection $m'n'$ est parallèle à mn, et les divisions de son échelle de pente sont égales à celles de l'échelle de pente de mn; si donc on porte à partir du point a sur $m'n'$, dans un sens convenable, une longueur ab égale à l'une des divisions de l'échelle de pente de la ligne mn, on obtiendra la projection b du point B de M'N' qui a pour cote $\alpha+1$. Par le point A menons de même une droite

Fig. 114.

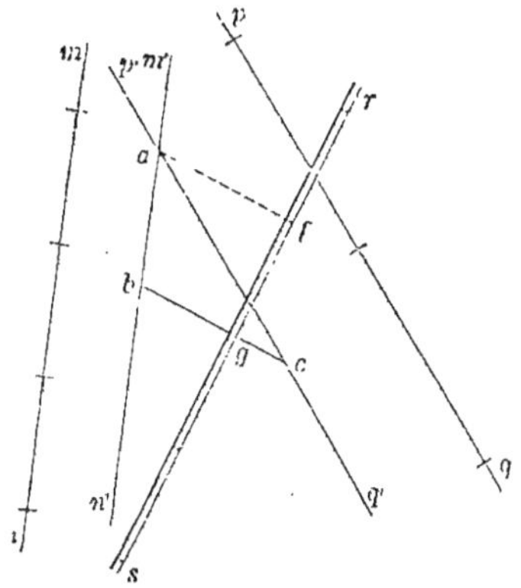

P'Q' parallèle à PQ, et portons sur cette ligne, à partir de a, une longueur ac égale à l'une des divisions de pq, nous aurons la projection c du point C de la ligne P'Q' qui a pour cote $\alpha+1$. Le plan cherché contient les deux droites M'N', P'Q', et par suite l'horizontale BC qui s'appuie sur ces deux droites; cette horizontale a pour projection bc; si donc on mène une ligne rs perpendiculaire à bc, on aura la projection d'une ligne de plus grande pente du plan.

Par le point a, menons af parallèle à bc; cette ligne af est la projection de l'horizontale du plan, qui a pour cote α; les points f et g, où les horizontales af et bc rencontrent rs, sont les points de la ligne de plus grande pente qui ont pour cotes α et $\alpha+1$; la longueur fg est donc égale à une division de l'échelle de pente du plan.

Problème X.

149. *Connaissant l'échelle de pente d'un plan et la projection d'un point situé dans ce plan, mener dans ce plan une droite d'une pente donnée.*

Soient mn l'échelle du plan, a la projection du point donné (fig. 115). Si l'on appelle d la distance horizontale de deux points de la droite demandée tels que la différence de leurs cotes soit 1^m, on sait que l'on a $d = \frac{1}{p}$. D'un point p pris sur la projection d'une horizontale du plan, comme centre, avec une ouverture de compas égale à d, on décrira un arc de cercle qui coupera la projection de l'horizontale suivante en q et q' ; si du point a on mène des parallèles bc et bc' à pq et pq', on aura évidemment les projections des deux droites demandées.

Fig. 115.

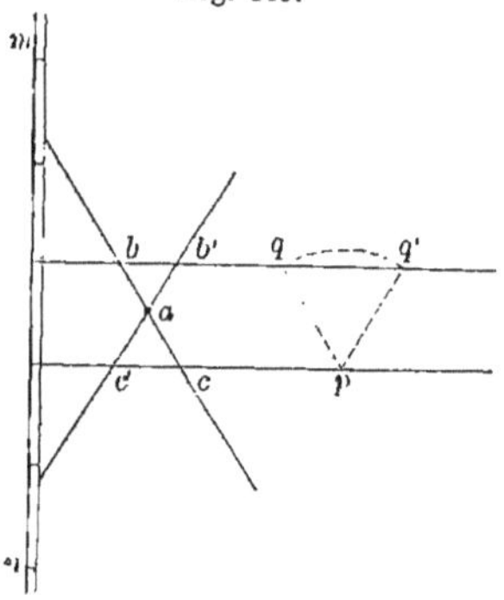

Pour que le problème soit possible, il faut que la longueur d soit supérieure ou égale à l'une des divisions de l'échelle du plan ; quand la longueur d est égale à l'une des divisions de l'échelle du plan, il n'y a qu'une solution : c'est la ligne de plus grande pente menée par le point a.

Problème XI.

150. *Tracer sur un plan coté un chemin, une rigole d'irrigation.*

Lorsqu'on veut tracer sur un terrain un chemin ou une rigole d'irrigation, on fait choix d'une certaine pente, celle qui paraît la plus avantageuse pour le but qu'on se propose, et l'on a à résoudre le problème suivant : Par un point donné du sol mener une ligne qui ait une pente uniforme égale à une pente donnée.

Si le terrain est plan, la ligne est droite, et nous venons d'indiquer le moyen de la tracer. Si le terrain n'est pas plan, on peut ramener le problème au précédent, pourvu qu'on ait levé des courbes de niveau équidistantes, suffisamment rapprochées. Considérons, en effet, le terrain représenté par la figure 116, et proposons-nous de mener par le point a une ligne dont la pente soit uniforme et égale à p. Soit d la distance horizontale de deux points de cette ligne dont les cotes diffèrent de 5m

Fig. 116.

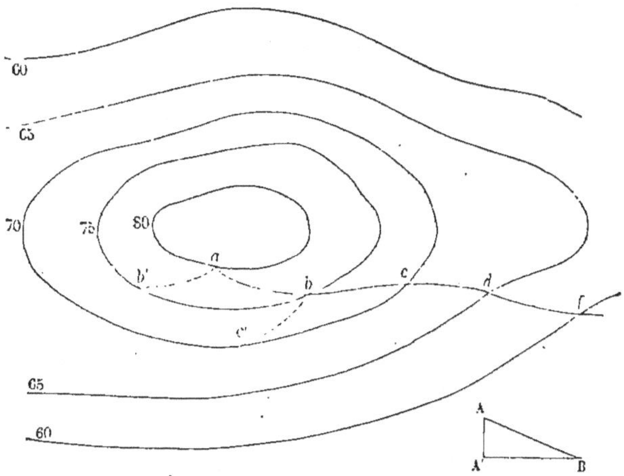

(distance constante, puisque la pente est uniforme); on a $d = \frac{5}{p}$. Du point a comme centre, avec une ouverture de compas égale à d, décrivons un arc de cercle qui coupera la courbe 75 au point b; du point b comme centre, avec la même ouverture de compas, décrivons un arc de cercle qui coupera la courbe 70 au point c, et ainsi de suite; joignons ces points par un trait continu, nous aurons la ligne demandée. Car chacun des éléments de cette ligne, considéré comme sensiblement rectiligne, a la pente voulue p.

151. Il est à remarquer que la question admet en général un très-grand nombre de solutions; car il y a généralement deux chemins pour aller d'un point d'une courbe de niveau à la courbe immédiatement inférieure suivant une pente donnée. Ainsi, du point a pris sur la courbe 80, on peut aller à la courbe 75, suivant la pente voulue, par l'une des deux lignes ab ou ab'; du point b on peut aller de même à la courbe 70, suivant la pente voulue, par l'un des deux chemins *bc* ou *bc'*, etc.

Le problème est impossible quand la distance *d* est moindre que la plus courte distance des projections de deux courbes de niveau consécutives. — De toutes ces solutions, l'ingénieur choisira celle qui est la plus avantageuse, d'après la position du point d'arrivée, et les mouvements de terre à effectuer pour tracer la route ou le canal dans la direction projetée.

152. Quand on laisse couler les eaux naturellement, elles suivent une ligne de plus grande pente, c'est-à-dire une ligne normale à toutes les courbes de niveau. La ligne de plus grande pente passant par le point *a* est *amnpq*; on l'obtient en menant du point *a* un premier élément *am* perpendiculaire à la courbe de niveau 75, du point *m* un second élément *mn* perpendiculaire à la courbe 70, etc.

Lecture d'une carte topographique. — Plans-reliefs. — Lignes de faîte et thalwegs.

153. La surface d'un terrain est déterminée géométriquement par le plan coté de ce terrain sur lequel on a tracé, en assez grand nombre, des courbes de niveau équidistantes. Mais il faut une certaine habitude pour *voir* dans cette figure plane l'image exacte de la surface du terrain avec ses trois dimensions. Reportons-nous au plan coté du terrain qui nous a déjà servi pour l'étude des sections horizontales (fig. 3, pl. III).

Nous apercevons immédiatement au sud une longue colline AA, dont les points les plus élevés sont dans le voisinage du sommet (1); au nord trois petites collines B, C, D; entre la colline AA et les collines du nord B, C, D, une vallée principale qui traverse tout le terrain de l'est à l'ouest, et dont le fond suit à peu près la ligne *kfbm*. Les collines B, C sont séparées par une vallée secondaire qui, partant à peu près du point *b*, monte vers le nord-ouest, et rencontre le côté (10-11) entre les deux courbes 310. Les collines C, D sont séparées par une autre vallée secondaire qui part à peu près du point *f*, monte vers le nord-nord-ouest et rencontre le côté (8-9) entre les deux courbes 305.

Si l'on se rappelle que la pente d'une ligne est égale au rapport de la différence de niveau de ses extrémités à sa projection horizontale, on aura une idée nette de la pente du terrain par l'écartement des courbes de niveau. Dans le cas actuel, on peut même évaluer numériquement la pente d'une manière très-simple ; car l'échelle du plan étant $\frac{1}{5000}$, et la différence de niveau de deux horizontales consécutives étant 5^m, si l'on désigne par n le nombre de millimètres que contient une portion de ligne comprise entre deux horizontales consécutives, la pente de cette ligne, entre ces deux horizontales, sera $\frac{5}{n \times 5} = \frac{1}{n}$.

Suivons, par exemple, la ligne b/k qui correspond à peu près au fond de la vallée principale, nous la voyons descendre d'abord très-lentement de l'ouest à l'est, avec une pente $\frac{1}{46}$ environ jusqu'à la courbe 300. La pente est beaucoup plus rapide entre les courbes 300 et 295 $\left(\frac{1}{19}\text{ environ}\right)$, et redevient assez douce jusqu'au point k $\left(\frac{1}{33}\text{ environ}\right)$.

Suivons de même la ligne (2)cdf(8), elle descend avec une pente variable du point (2) au point f, et remonte du point f au point 8. Du point 2 à la courbe 330 la pente est à peu près uniforme et égale à $\frac{1}{15}$ environ ; entre les courbes 330 et 320 elle est plus forte $\left(\frac{1}{19}\right)$, moindre entre les courbes 320 et 310 $\left(\frac{1}{25}\right)$, et elle va en augmentant de la courbe 310 à la courbe 295, où elle atteint la valeur $\frac{1}{4}$; la ligne descend ensuite très-lentement jusqu'au point f, remonte de même à la courbe 295, puis continue à remonter jusqu'au sommet (8) avec une pente variable qui en moyenne est environ $\frac{1}{8}$.

154. Pour étudier facilement les sinuosités du terrain dans une direction donnée, on imagine une coupe verticale du terrain dans cette direction. Concevons, par exemple, un plan vertical qui rencontre le plan de projection suivant la ligne xx (fig. 3, pl. VIII); ce plan coupe la surface suivant une ligne qu'il est facile de construire par rabattement. Il suffit, en effet, aux points où la ligne xx rencontre les courbes de niveau, d'élever des perpendiculaires à cette ligne, et de porter sur ces perpendiculaires, à partir de cette ligne, les longueurs qui. à l'échelle du plan, représentent les cotes des courbes de niveau, puis de joindre les points ainsi obtenus par un trait continu.

Afin que ce dessin ne couvre pas le plan, ce qui produirait de la confusion, on compte les perpendiculaires à partir d'une ligne $x'x'$ parallèle à xx et située en dehors du plan. En outre, pour faire tenir le dessin dans la feuille de papier, on diminue toutes les cotes d'une même hauteur moindre que la cote la plus faible. Ici on a diminué toutes les cotes de 290^m, ce qui revient à prendre pour plan de comparaison un plan situé à 290^m au-dessus du premier. Afin de rendre les sinuosités plus sensibles à l'œil, on a pris l'échelle des hauteurs cinq fois plus grande que celles des lignes horizontales, $\frac{1}{1000}$ au lieu de $\frac{1}{5000}$.

On a construit de même la coupe verticale suivant yy; cette coupe montre bien les deux vallées séparées par la colline B.

155. Avec un plan coté, on peut encore construire un *plan-relief*, qui est une représentation exacte du terrain à une échelle déterminée. Les plans-reliefs construits avec soin sont taillés dans le plâtre; c'est une opération très-longue et très-délicate. Mais on peut obtenir d'une manière beaucoup plus rapide un relief, moins parfait à la vérité, mais suffisant pour donner une idée exacte de la forme du terrain : après avoir dessiné le plan du terrain sur une feuille de papier collée sur bois ou sur carton, on découpera des bandes de carton mince, ayant pour hauteurs les cotes des courbes de niveau réduites à l'échelle du plan, et on les collera de champ sur les courbes de niveau correspondantes; on collera aussi sur les côtés du polygone des bandes de carton qui formeront une espèce de boîte, et enfin on remplira les intervalles avec de la terre glaise ou du sable, que l'on égalisera avec la main de manière à former une surface continue sur laquelle se trouvent les bords supérieurs des bandes de carton.

Lorsqu'on veut représenter par un plan-relief un terrain accidenté d'une petite étendue, il est bon d'employer la même échelle pour les distances horizontales et pour les distances verticales; le relief est alors exactement semblable au terrain. Mais lorsqu'on veut représenter une région d'une grande étendue, si l'on employait la même échelle, les montagnes, même très-élevées, seraient à peine visibles sur le relief; on est obligé alors d'adopter pour les hauteurs une échelle deux, trois, quatre fois plus grande que celle de distancess horizontales. On rend ainsi très-sensibles les divers mouvements du terrain, mais la similitude n'est pas conservée, et l'observateur doit se tenir en garde contre l'augmentation des pentes[1].

156. Pour compléter la connaissance du terrain par l'étude

---

1. M. Bardin a fait construire pour l'enseignement de la topographie une collection de reliefs et de dessins qui se trouvent maintenant dans la plupart des lycées. Nous en recommandons l'étude aux élèves, s'ils veulent arriver à se faire une idée exacte de la forme d'un terrain à l'inspection de sa carte topographique.

Dans une brochure publiée à l'occasion de cette collection, admise à l'Exposition universelle, M. Bardin s'exprime ainsi :

« Mes plans-reliefs, exécutés à une même échelle de réduction pour les distances horizontales et les hauteurs, et lavés à l'effet ou teintés des couleurs conventionnelles du dessin topographique, sont de véritables miniatures géométriques, où la forme et la couleur réunies concourent à produire la vérité pour l'œil et l'évidence pour l'esprit. Les dessins, malgré leur grande expression, ne seraient que difficilement compris s'ils étaient mis tout d'abord, et seuls, sous les yeux du lecteur.

« En présence du plan-relief, toute difficulté disparaît; ce que le dessin n'explique pas assez, le plan-relief le rend évident, palpable. C'est par l'étude de ces deux sortes d'images, c'est en passant alternativement, et aussi souvent qu'il le juge convenable, du plan-relief au dessin, et du dessin au plan-relief, que le lecteur parvient très-promptement à saisir à première vue sur les cartes plates tout ce qu'indiquent les images à trois dimensions. »

de sa carte topographique, il faut apprendre à reconnaître sur cette carte deux systèmes de lignes qui servent, en quelque sorte, à caractériser la forme du terrain. Ce sont *les lignes de faîte*, ou de partage des eaux, qui séparent les deux versants d'une même colline, et les *thalwegs*, ou lignes d'écoulement naturel des eaux, qui séparent les deux coteaux d'une même vallée.

Si l'on examine la figure 8, planche VIII, dans le fond de la vallée principale, on voit un thalweg *bfk*, sur la colline B une ligne de faîte qui suit à peu près la ligne *ghb*. Il est à remarquer qu'entre deux thalwegs il existe toujours une ligne de faîte, et de même, entre deux lignes de faîte, un thalweg. Ainsi sur la figure 4, planche IX, les deux thalwegs TT, T'T' sont séparés par une colline dont la ligne de faîte est FF, et les deux lignes de faîte FF, F'F' par le thalweg T'T'.

Les lignes de faîte et les thalwegs jouissent de cette propriété importante d'être normales aux courbes de niveau qu'elles rencontrent; cette propriété leur est commune avec les lignes de plus grande pente. Les thalwegs sont en effet des lignes de plus grande pente que l'on peut caractériser ainsi : quand on s'écarte du thalweg à droite ou à gauche, perpendiculairement à cette ligne, on monte des deux côtés; si donc, par un point quelconque *m* du thalweg TT (fig. 4, pl. IX), on mène une tangente *pq* à la courbe de niveau 15 qui passe en ce point, cette ligne *pq* doit rencontrer de part et d'autre la courbe de niveau supérieur 17,5.

Mais les lignes de faîte, quoique normales aux courbes de niveau, ne sont pas des lignes de plus grande pente; quand on s'écarte de la ligne de faîte, à droite ou à gauche, perpendiculairement à cette ligne, on descend des deux côtés; par conséquent si, par un point quelconque *n* de la ligne de faîte FF, on mène une tangente *rs* à la courbe de niveau 15 qui passe en ce point, cette ligne doit rencontrer de part et d'autre la courbe de niveau inférieur 12,5.

A l'inspection d'une carte topographique, on arrive promptement à discerner les lignes de faîte et les thalwegs, et à les tracer à vue d'œil.

APPENDICE.

CHAPITRE PREMIER.

NIVEAU A BULLE.

Description du niveau à bulle. — Rendre une droite horizontale. Régler le niveau.

Description.

157. Nous avons dit que dans les grands nivellements on remplace le niveau d'eau par un instrument plus précis, le *niveau à bulle*. La pièce principale de cet instrument est le petit appareil communément appelé niveau à bulle, dont on se sert en physique et en astronomie quand il s'agit de rendre un axe horizontal ou vertical, et dont nous avons fait usage dans le levé des plans, pour rendre horizontal le plan de la planchette, ou vertical l'axe du cercle répétiteur. Nous donnerons d'abord quelques détails sur la construction et l'usage de cet instrument

Un niveau à bulle est un tube de verre, fermé de toutes parts, de forme à peu près cylindrique, portant sur une de ses arêtes une échelle de divisions d'égale longueur, et rempli, en partie seulement, par un liquide très-mobile, tel que l'eau, l'éther ou l'alcool.

L'espace non rempli par le liquide est occupé par une bulle d'air, ou par une bulle de vapeur si on a eu le soin de faire bouillir le liquide avant de fermer le tube. Les bulles de vapeur sont préférables aux bulles d'air, parce qu'elles sont plus mobiles. L'éther et l'alcool conviennent mieux que l'eau, parce qu'ils ne gèlent pas en hiver, même par les plus grands froids, et parce que, mouillant mieux le verre, ils forment une bulle de vapeur plus mobile. Si l'on place le tube de manière que l'arête divisée soit à peu près horizontale, le liquide se met de niveau dans la partie la plus basse, et la bulle se loge dans la partie la plus élevée du tube; si l'on change l'inclinaison du tube, la bulle se déplace et vient occuper la partie qui est devenue la plus élevée.

158. Supposons d'abord la bulle assez petite pour qu'on puisse la considérer comme un point. Si l'intérieur du tube était parfaitement cylindrique, la bulle ne pourrait s'arrêter entre les deux extrémités du tube que lorsque le tube serait parfaitement horizontal; la moindre inclinaison l'amènerait vers l'extrémité la plus haute. On évite cet inconvénient en donnant à l'intérieur du tube une certaine courbure dans le sens de sa longueur. Dans une position déterminée du tube, la bulle s'arrête alors en un point tel que la tangente en ce point à la courbe intérieure du tube soit horizontale; si la courbe ne présente aucun point d'inflexion, il n'y a qu'un seul point où la tangente soit horizontale, et, par suite, la bulle ne

Fig. 117.

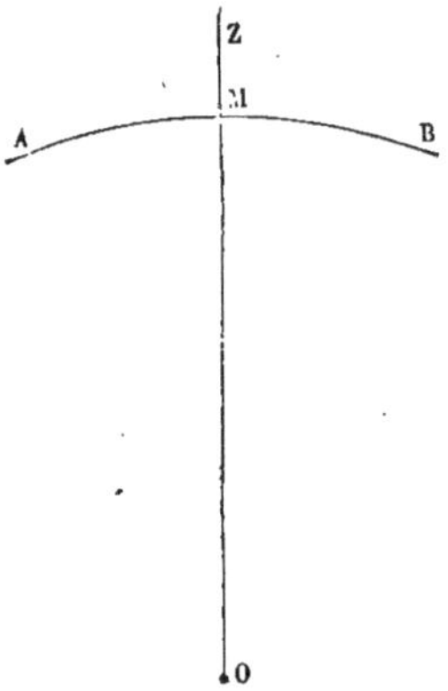

Fig. 118.

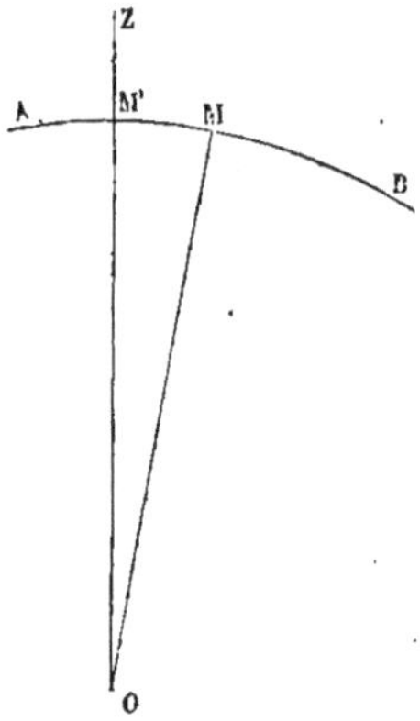

peut prendre qu'une seule position; si, de plus, la courbe est un arc du cercle, les déplacements de la bulle, le long de l'arête divisée, mesurent les variations d'inclinaison du tube.

Supposons, en effet, que le plan vertical qui partage le tube en deux parties symétriques coupe la surface interne du tube suivant un arc de cercle AB (fig. 117). Soient O le centre du cercle auquel appartient cet arc, M le point où le diamètre vertical OZ rencontre l'arc AB; la bulle, que nous assimilons à un point, s'arrêtera au point M, où la tangente à l'arc AB est horizontale. Si nous écartons maintenant le rayon OM de la verticale, et si nous l'inclinons vers l'extrémité B (fig. 118), le diamètre vertical OZ rencontrera l'arc AB en un autre point M'; la bulle quittera donc le point M pour venir en M', seul point où la tangente est actuellement horizontale; l'arc MM' qu'elle décrit mesure l'angle MOM' dont a varié l'inclinaison du tube.

159. Pour rendre rigoureusement circulaire la courbe suivant laquelle un plan vertical, partageant le tube en deux parties symétriques dans le sens de sa longueur, coupe la surface interne et supérieure du tube, on prend un tube de verre à parois épaisses, à peu près cylindrique à l'intérieur; on fixe sur le prolongement de l'axe d'un tour un cylindre d'acier plus long que le tube, mais d'un diamètre moindre que son diamètre intérieur; on recouvre ce cylindre d'une couche d'émeri imbibée d'huile, on l'introduit dans le tube, et on lui imprime un mouvement de rotation très-rapide. Pendant que l'axe tourne, on donne au tube un mouvement de va-et-vient longitudinal, en le maintenant pressé sur le cylindre d'acier suivant la même arête. Après quelques minutes de ce travail, on enlève le tube, on le retourne bout pour bout, et on y engage de nouveau le cylindre d'acier; on opère comme précédemment, en maintenant la même arête du tube en contact avec le cylindre d'acier, et on répète plusieurs fois l'opération. Le tube et le cylindre s'usent mutuellement, et une même arête du tube se trouve constamment en contact suivant toute sa longueur avec la pièce d'acier pendant que le tube glisse sur cette pièce, quels que soient le sens du glissement et le bout par lequel la pièce d'acier a été introduite dans le tube. Cette double condition exige que l'arête de contact du tube et de la pièce d'acier soit ou une ligne droite, ou un arc de cercle. Les deux solutions peuvent se présenter; mais, la première n'étant qu'un cas particulier de la seconde, c'est généralement la seconde qui se réalise. D'ailleurs la courbure de cet axe dépend de l'épaisseur du tube, de son diamètre intérieur, de l'énergie et de la durée du frottement.

160. Quand on juge le travail terminé, on partage en parties d'égale longueur l'arête qui doit servir de sommet, on introduit le liquide de manière à laisser une bulle de longueur convenable, puis on ferme les deux extrémités avec des bouchons. Il reste à vérifier que l'arête intérieure correspondant à l'arête divisée est circulaire, ou, ce qui revient au même, que les déplacements de la bulle sur l'arête divisée sont proportionnels aux variations d'inclinaison du tube. On emploie à cet effet deux plaques métalliques (fig. 119) AB, AC, réunies par une charnière autour de laquelle elles peuvent tourner de manière à former un angle variable. Une vis à tête graduée V, très-régulière et d'un pas très-petit, traversant la plaque AC et s'appuyant sur la plaque AB, permet de faire varier lentement l'angle de ces deux plaques, et d'évaluer, par le nombre de tours et de fractions de tour qu'on lui fait faire, la variation de cet angle. Sur la plaque AC, on fixe le tube avec un enduit, de manière que l'arête divisée soit perpendiculaire à la charnière, puis on place la plaque AB sur une surface polie, que l'on a rendue horizontale autant que possible. On règle l'angle des deux plaques de manière que la bulle s'arrête à une des extrémités des divisions; puis, à l'aide de la vis V, on fait varier l'angle des deux plans de manière à amener successivement la bulle sous toutes les divisions de l'échelle; on évalue les variations de l'angle des deux plaques par les tours de la vis, et on vérifie si les déplacements de la bulle sont proportionnels à ces variations, et, par suite, aux variations de l'inclinaison du tube.

Fig. 119.

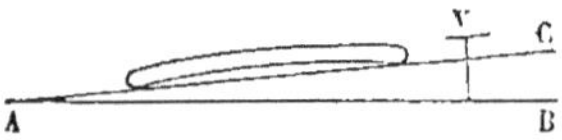

Si la marche de la bulle n'est pas assez régulière, ou si elle est trop lente ou trop rapide pour l'usage auquel le niveau est destiné, on ôte le liquide, et on recommence le travail Quand la marche de la bulle est convenable, on remplace les bouchons par des obturateurs, ou bien encore on ferme le tube à la lampe. Mais, dans ce cas, le tube ayant été ramolli dans le voisinage de ses extrémités, il est à craindre que la courbure intérieure n'ait été changée; on le soumet à une nouvelle vérification, et l'on détermine les divisions extrêmes entre lesquelles la bulle se déplace encore d'une manière régulière. Ces divisions sont ensuite numérotées de 10 en 10, en allant d'une extrémité à l'autre de l'échelle.

161. On obtient par ce procédé des niveaux dans lesquels la bulle se déplace d'un ou plusieurs millimètres pour une variation de 1″ dans l'inclinaison du tube; ce qui suppose que l'arc du cercle que parcourt la bulle a un rayon extrêmement grand. Soient, en effet, R le rayon de ce cercle, α le déplacement de la bulle en millimètres pour une variation de 1″ dans l'inclinaison du tube; α est la longueur de l'arc 1″ dans le cercle de rayon R. On a

$$\alpha = \frac{\pi R}{180 \times 60 \times 60} = 0{,}000004848R,$$

d'où

$$R = 260265\,\alpha.$$

Pour $\alpha = 3^{mm}$, on a $R = 619^{m}$. Mais une si grande sensibilité, loin d'être avantageuse, serait le plus souvent nuisible, et, excepté dans les observations astronomiques, il est rare qu'on emploie des niveaux dont le rayon de courbure surpasse 60 mètres.

162. Pour simplifier les raisonnements, nous avons jusqu'ici supposé la bulle très-petite, et nous l'avons assimilée à un point; mais dans la pratique on emploie toujours des bulles d'assez grande dimension. On a remarqué qu'une petite bulle se meut très-difficilement dans le tube et met très-longtemps à atteindre sa position d'équilibre, tandis qu'une bulle dont la longueur est le quart ou même le tiers de la longueur de l'échelle divisée se déplace beaucoup plus facilement, et atteint plus vite sa position d'équilibre. Dès que la bulle s'est arrêtée, sa forme est telle, que son milieu est au point de la courbure intérieure où la tangente est horizontale, comme si elle était réduite à un point, et elle est parfaitement symétrique autour de ce milieu. De sorte que pour connaître la division du tube où s'arrêterait une bulle assimilable à un point, il suffit de lire les divisions auxquelles s'arrêtent les extrémités de la bulle et de prendre la moyenne.

163. Dans les niveaux d'une très-grande précision, dont on se sert en astronomie et en géodésie, le tube de verre n'est pas enveloppé dans toute sa longueur, de crainte que les dilatations ou les contractions de l'enveloppe, gênant les dilatations ou les contractions moindres du tube, ne modifient la courbure intérieure; il est seulement retenu à ses extrémités dans la monture métallique qui le supporte. D'ordinaire cette monture se compose d'une forte règle, telle que AB (fig. 120), portant vers ses extrémités deux petites pièces métalliques C et D, implantées perpendiculairement à sa face supérieure, et se terminant par des supports en forme de V sur lesquels les bouts du tube sont fixés. Une de ces pièces est formée de deux parties, dont la supérieure pénètre dans l'inférieure, et peut être relevée ou abaissée à volonté par une vis de rappel, de sorte qu'on peut écarter ou rapprocher à volonté un des bouts du tube de la règle AB, et amener la bulle dans la partie divisée du tube quand la règle AB est à peu près horizontale.

Fig. 120.

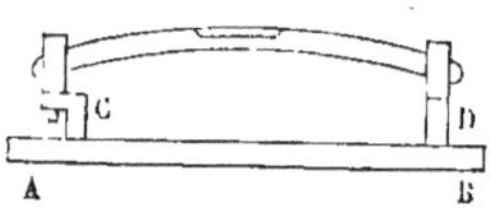

Rendre une droite horizontale.

164. Proposons-nous maintenant, avec un niveau à bulle ainsi construit, de rendre une droite MN horizontale.

Plaçons la règle AB du niveau sur cette droite (fig. 121), et tournons la vis de rappel jusqu'à ce que la bulle s'arrête entre les extrémités de l'échelle divisée *ab*. Soient O le centre de l'arc *ab*, *c* le point où le diamètre vertical OZ rencontre l'arc;

c est le point de l'arc ab où la tangente est horizontale et par conséquent le milieu de la bulle s'arrêtera en ce point. Notons la division qui correspond au milieu de la bulle, en lisant les deux divisions qui correspondent à ses extrémités en prenant la moyenne. Cela fait, retournons le niveau bout pour bout. Nous pouvons toujours supposer que ce retournement s'effectue autour du diamètre OK perpendiculaire à MN, comme le représente la fig. 122. Après ce mouvement, le rayon Oc fait

Fig. 121.

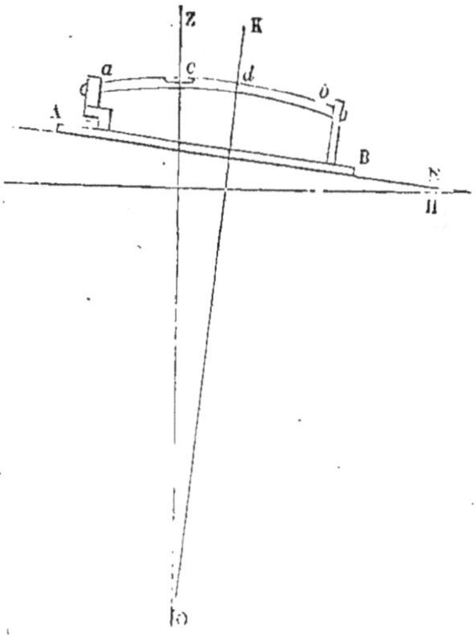

Fig. 122.

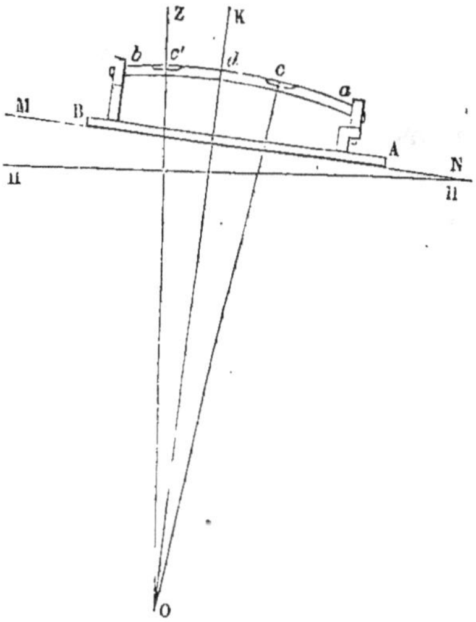

avec OK, à droite de cette ligne, un angle égal à celui qu'il formait d'abord à gauche avec cette même ligne; le milieu de la bulle quitte donc le point c où la tangente à l'arc ab n'est plus horizontale et vient s'arrêter en c', où le diamètre vertical OZ rencontre actuellement l'arc ab. Ce mouvement de la bulle après le retournement nous apprend que la droite MN n'est pas horizontale, et que l'extrémité M, vers laquelle a marché la bulle, est trop élevée. Lisons, comme précédemment, la division correspondant au point c'; la différence des deux arcs ac, ac' ainsi obtenue est la longueur de l'arc cc'. Or, les angles cOd, c'Od étant égaux, cet arc cc', dans le cercle auquel appartient l'arc *ab*, mesure un angle double de l'angle KOZ et par conséquent double de l'inclinaison de la droite MN sur l'horizon; de sorte que, si l'on connaissait le rayon du tube, on pourrait facilement en déduire l'inclinaison. Pour rendre la droite MN horizontale, on abaisse peu à peu l'extrémité M que nous avons reconnue trop élevée; on voit alors la bulle rétrograder de c' vers c; on arrête le mouvement lorsqu'elle arrive au point d, au milieu de l'arc cc'. Alors la tangente au point d étant horizontale, le diamètre OK est vertical, et par suite la droite MN, qui est perpendiculaire à ce diamètre, est horizontale. On s'assure que cette condition est bien remplie en retournant le niveau une seconde fois et voyant si la bulle n'a pas bougé; si elle se déplaçait un peu, on ferait une seconde correction comme précédemment.

Voilà comment on opère avec les grands niveaux découverts et gradués sur toute leur longueur. La manœuvre est très simple : on place le niveau sur la droite qu'on veut rendre horizontale, on regarde à quelle division s'arrête le milieu de la bulle; on retourne le niveau et on regarde à quelle division s'arrête de nouveau la bulle; si c'est la même, la droite est horizontale; sinon, l'extrémité vers laquelle a marché la bulle est trop élevée; on l'abaisse peu à peu jusqu'à ce que la bulle rétrograde au milieu de l'arc parcouru.

165. Quand on a une série d'opérations à faire, il est bon de connaître le point du tube où s'arrête la bulle quand la droite MN ou la base AB du niveau est horizontale. Ordinairement on *règle* le niveau de manière que ce point soit au milieu de l'arc *ab*; il suffit pour cela, après avoir rendu horizontale la droite MN par le procédé que nous avons expliqué, de tourner la vis de rappel du niveau jusqu'à ce que la bulle s'arrête au milieu du tube. Si l'on veut ensuite rendre une seconde droite horizontale, on place le niveau sur cette droite, et on soulève ou on abaisse une des extrémités de la droite jusqu'à ce que la bulle du niveau s'arrête au milieu du tube; ensuite on retourne le niveau pour faire une petite correction, si cela est nécessaire.

166. Pour les usages du nivellement, on construit des niveaux à bulle moins sensibles que ceux que nous venons de décrire, mais aussi faciles à manœuvrer et moins sujets à se déranger. Le tube de verre, dont la courbure interne a un rayon d'une quinzaine de mètres seulement, est enfermé dans une garniture en cuivre échancrée par-dessus, de manière à ne laisser découverte que la partie moyenne du tube, où la bulle doit s'arrêter (fig. 123). Le tube et sa garniture sont, en outre, montés sur une règle en cuivre. Une vis placée à l'une des extrémités de la garniture qui enveloppe le tube, une charnière à l'autre, permettent d'écarter, ou de rapprocher, à volonté un bout du tube de la règle de cuivre qui sert de base à l'instrument. L'arête supérieure n'est plus divisée en parties d'égale longueur, elle porte seulement des traits de division situés deux à deux à égale distance du milieu de cette arête.

Fig. 123.

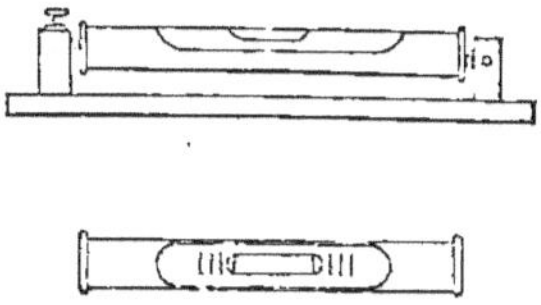

Régler le niveau.

167. L'usage de ce niveau diffère un peu de celui du niveau gradué; comme la garniture cache le mouvement de la bulle, il faut d'abord régler le niveau, c'est-à-dire le disposer de telle sorte que le milieu de la bulle s'arrête au milieu du tube, quand la face inférieure de la règle de cuivre qui lui sert de base est horizontale; pour qu'il en soit ainsi, il faut que la face inférieure de la règle qui sert de base à l'instrument soit parallèle à la tangente au milieu de l'arc, et, par conséquent, qu'elle soit perpendiculaire au diamètre qui passe en ce point.

Fig. 124.

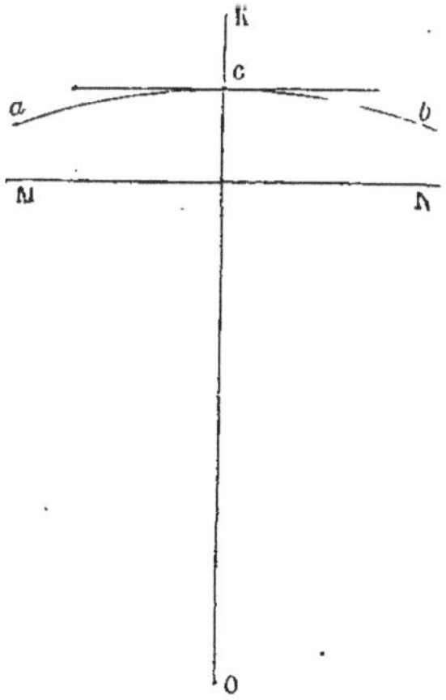

Pour reconnaître si le niveau est réglé, et le régler lorsqu'il ne l'est pas, on place le niveau sur une règle métallique bien dressée MN, horizontale ou non, et on déplace peu à peu une des extrémités de cette règle, jusqu'à ce que la bulle s'arrête au milieu *c* du tube. Si le niveau est réglé, la droite MN, étant perpendiculaire au diamètre vertical O*c*, est horizontale (fig. 124); si on retourne le niveau bout pour bout, ce qui revient à le faire tourner autour du diamètre vertical O*c*, perpendiculaire à MN, la tangente au point *c* reste horizontale et le milieu de la bulle reste en *c*. Mais si le niveau n'est pas ré-

Fig. 125.

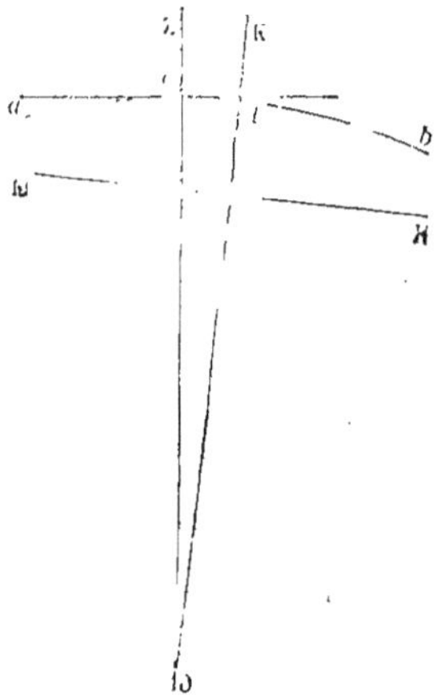

Fig. 126.

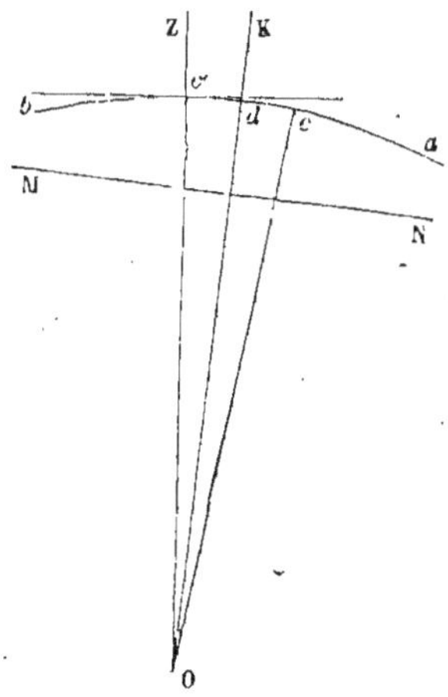

glé, la droite MN (fig. 125) n'est pas horizontale, et le diamètre OK perpendiculaire à cette ligne n'est pas vertical; après le retournement du niveau, que l'on peut toujours supposer effectué autour du diamètre OK, comme le représente la fig. 126, le point *c* vient à droite de OK; le milieu de la bulle quitte le point *c*, et vient au point *c'* où la tangente à l'arc *ab* est actuellement horizontale. On sait que l'arc *cc'* parcouru par la bulle mesure le double de l'inclinaison de la ligne MN sur l'horizon. On abaisse l'extrémité *b*, au moyen de la vis adaptée au niveau, pour amener la bulle du point *c'* au point *d*, milieu de l'arc cc'; comme l'arc cc' peut être caché en partie par la garniture du niveau, on fait tourner la vis du niveau de manière à faire rétrograder la bulle de c' en c, en comptant le nombre des tours, puis on fait faire à la vis en sens contraire un nombre de tours moitié, ce qui ramène la bulle au point d.

Cette opération a fait tourner le niveau de l'angle cOd autour de son centre O; le rayon Od a pris la direction verticale OZ et le rayon Oc la direction OK. Le rayon Oc, qui aboutit au milieu c du tube, ayant pris la direction OK, est alors perpendiculaire à la droite MN sur laquelle repose le niveau, et par conséquent le niveau est réglé; car c'est là la condition qu'il faut remplir. Si l'on abaisse ensuite l'extrémité M de la droite MN, pour faire rétrograder la bulle de d en c, le niveau tournera de nouveau autour de son centre de l'angle cOd, le rayon Oc deviendra vertical, et la droite MN, qui lui est perpendiculaire, sera horizontale. Il est bon de retourner une seconde fois le niveau pour voir si la bulle ne bouge pas, et d'effectuer une seconde correction si cela est nécessaire.

Une fois le niveau réglé, on n'y touche plus. Pour rendre une droite horizontale, il suffit de placer le niveau sur la droite et d'élever ou d'abaisser une des extrémités de cette droite jusqu'à ce que la bulle s'arrête au milieu du tube.

CHAPITRE II.

VÉRIFICATION ET RECTIFICATION DU CERCLE.

Rendre vertical l'axe de l'instrument. — Tirage de la lunette.
Rendre l'axe optique perpendiculaire à l'axe de rotation.

Rendre vertical l'axe de l'instrument.

168. Nous avons expliqué comment, avec un niveau à bulle,

Fig. 127.

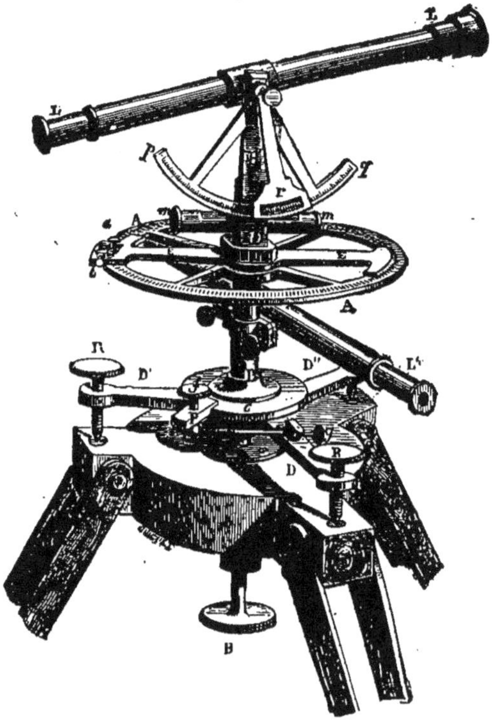

on rend une droite horizontale; nous allons expliquer maintenant comment on rend un axe vertical.

Dans la première partie de cet ouvrage (nos **95** et suivants) nous avons décrit le cercle dont on se sert pour mesurer avec une grande précision les angles réduits à l'horizon, et nous en avons expliqué l'usage (fig. 127). Mais avant de se servir d'un cercle, il importe de vérifier avec soin le niveau adapté à cet instrument et la position de l'axe optique de la lunette. Nous entrerons à cet égard dans quelques détails qui compléteront ce que nous avons dit déjà au sujet de cet instrument.

La première et la plus importante condition à remplir quand on met le cercle en station, c'est de rendre bien vertical l'axe autour duquel s'effectue le mouvement du cercle gradué et de la partie supérieure de l'instrument.

169. Supposons d'abord que le cercle soit muni d'un niveau découvert et gradué dans toute sa longueur. Afin de simplifier le raisonnement, nous imaginerons que le niveau repose sur une droite MN perpendiculaire à l'axe et invariablement liée à cet axe (fig. 128). On amène le niveau au-dessus et parallèlement à la ligne des deux premières vis calantes R, R', et l'on fait tourner ces deux vis en sens contraire pour amener la bulle entre deux divisions du tube, vers le milieu par exemple. On fait décrire ensuite à la partie supérieure de l'instrument 180° autour de l'axe; la droite idéale MN, perpendiculaire à l'axe, prend la position M'N' parallèle à sa position primitive, mais en sens inverse; c'est comme si l'on opérait le retournement du niveau sur la droite MN. Si donc le centre de la bulle revient à la même division, c'est que la droite MN est horizontale. S'il décrit un certain arc sur le tube, et c'est le cas ordinaire, l'extrémité vers laquelle a marché la bulle est trop élevée; on tourne les deux vis calantes R, R', de manière à faire rétrograder la bulle jusqu'au milieu de l'arc parcouru; alors la droite MN est horizontale (no **164**). Cependant il est bon d'effectuer un second retournement pour

Fig. 128.

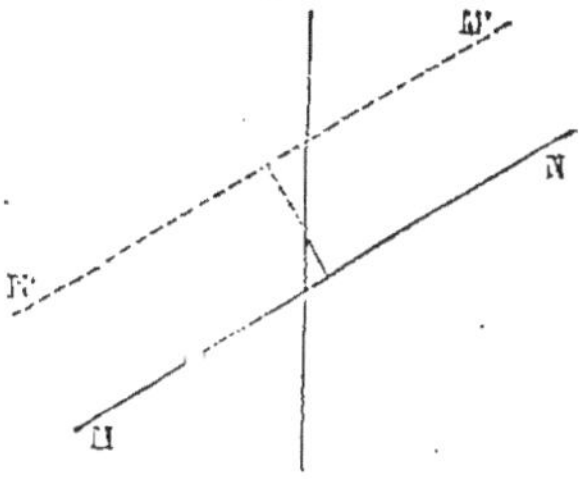

voir si la bulle ne bouge pas, et de faire une seconde correction si cela est nécessaire. De cette manière, on rend horizontale une première droite MN perpendiculaire à l'axe.

Pour rendre horizontale une seconde droite perpendiculaire à l'axe, on amène le niveau au-dessus de la troisième vis calante R″ et perpendiculairement à la ligne RR′ des deux premières. Désignons actuellement par PQ la droite perpendiculaire à l'axe, sur laquelle nous imaginons que repose le niveau. On fait tourner la troisième vis calante R″, sans toucher aux deux autres, pour amener la bulle au point qu'elle occupait précédemment; on fait ensuite décrire 180° à la partie supérieure de l'instrument autour de l'axe; c'est comme si l'on opérait le retournement du niveau sur la droite PQ. Si la bulle n'a pas bougé, la droite PQ est horizontale; si elle s'est déplacée un peu, à l'aide de la vis R″ on la ramène au milieu de l'arc parcouru. Alors la droite PQ est horizontale.

Remarquons que, dans cette seconde opération, comme on manœuvre seulement la vis calante R″, l'instrument tout entier tourne autour de la ligne qui joint les pointes des deux premières vis calantes R, R′. La droite MN, qui est à peu près parallèle à cette ligne, s'est un peu déplacée, mais est restée sensiblement horizontale. De cette manière, on a rendu horizontales deux droites MN et PQ, perpendiculaires à l'axe; donc l'axe lui-même a été rendu vertical.

Cependant, comme la ligne qui joint les pointes des deux vis calantes R et R′ n'est pas rigoureusement parallèle à NN, il est à craindre que cette droite, pendant la seconde manœuvre, n'ait pas gardé suffisamment sa direction horizontale. C'est pourquoi on ramène une seconde fois le niveau sur les deux premières vis calantes R et R′, et on voit si la bulle reste au même point avant et après le retournement; si la bulle éprouve un petit déplacement, on corrige, à l'aide des deux vis calantes R et R′, que l'on fait mouvoir en sens contraire; puis on ramène encore le niveau sur la troisième vis calante R″, pour voir si la droite PQ est restée horizontale et effectuer une petite correction si cela est nécessaire. On répète cette manœuvre jusqu'à ce qu'on soit bien assuré que les deux droites MN et PQ sont horizontales à la fois ; alors l'axe est bien vertical.

Une fois l'axe rendu vertical, on peut observer que si l'on fait décrire à la partie supérieure de l'instrument, lentement et sans secousse, une révolution entière autour de l'axe, la bulle doit rester immobile dans le tube, puisque la droite MN, perpendiculaire à l'axe, et base idéale du niveau, reste constamment horizontale.

170. Ordinairement les cercles dont on se sert en topographie sont munis de niveaux à garniture évidée seulement au milieu. Dans ce cas, il faut commencer par *régler* le niveau. Concevons toujours que le niveau repose sur une droite MN, perpendiculaire à l'axe; on dit que le niveau est réglé lorsque la bulle s'arrête au milieu du tube, quand la droite MN est horizontale; en d'autres termes, lorsque la tangente au milieu du tube est perpendiculaire à l'axe. Pour régler le niveau, on procède comme nous l'avons expliqué (n° **167**), on amène le niveau au-dessus et parallèlement à la ligne des vis R et R'; on fait tourner ces vis en sens contraire jusqu'à ce que la bulle s'arrête au milieu du tube; on fait ensuite décrire à la partie supérieure de l'instrument 180° autour de l'axe; à l'aide de la vis de rappel du niveau, qui permet d'élever ou d'abaisser l'une des extrémités du niveau, on ramène la bulle au milieu du tube, en comptant le nombre de tours, et on fait faire à la vis en sens contraire un nombre de tours moitié; si enfin, à l'aide des deux vis calantes R, R', on ramène de nouveau la bulle au milieu du tube, la droite MN sera horizontale et le niveau réglé.

Le niveau une fois réglé, la manœuvre devient extrêmement simple. On amène le niveau au-dessus et parallèlement à la ligne des vis R et R', et on fait tourner ces deux vis en sens contraire jusqu'à ce que la bulle s'arrête au milieu du tube ; on amène ensuite le niveau au-dessus de la vis R'', perpendiculairement à la ligne des vis R et R', et on fait tourner cette vis R'' jusqu'à ce que la bulle s'arrête encore au milieu du tube. Alors l'axe est vertical.

Il ne faut d'ailleurs, dans aucun cas, commencer une série d'opérations avec le cercle avant d'avoir vérifié que le niveau est bien réglé.

Rendre l'axe optique perpendiculaire à l'axe de rotation.

171. Le réticule n'est pas fixé invariablement dans le tube qui le porte, il peut être déplacé à droite ou à gauche horizontalement au moyen d'une petite vis que l'on fait tourner avec une clef semblable à une clef de montre.

On sait que l'axe optique d'une lunette est la droite qui va du point de croisement des fils du réticule au centre de l'objectif. Tant que le réticule reste fixe, l'axe optique conserve une position invariable dans la lunette; mais si l'on déplace un peu le réticule à l'aide de la vis destinée à cet effet, l'axe optique change de position.

La lunette LL est portée par un axe de rotation que le constructeur a eu soin de rendre perpendiculaire à l'axe intérieur de l'instrument; si l'axe de l'instrument est vertical, l'axe de rotation de la lunette est horizontal. Il faut que l'axe optique de la lunette soit perpendiculaire à cet axe horizontal; alors, quand la lunette tourne autour de cet axe, son axe optique décrit un plan vertical. On comprend la nécessité de cette condition : ce que l'on veut mesurer, c'est l'angle de deux droites réduites à l'horizon, c'est-à-dire l'angle des plans verticaux menés pas ces droites; la valeur de cet angle étant indépendante de l'inclinaison plus ou moins grande des côtés, il faut que l'axe optique de la lunette décrive un plan vertical, quand l'un des côtés de l'angle décrit lui-même un plan vertical.

172. Voici comment on s'y prend pour donner à l'axe optique la disposition voulue. A une distance égale à la portée moyenne de la lunette, on place une mire horizontale *mn*, sur laquelle sont marquées des divisions équidistantes (fig. 129). On vise cette mire et l'on regarde la division qui tombe au point de croisement O des fils du réticule. Cela fait, on divise les deux pièces qui maintiennent sur les coussinets les tourillons de l'axe de rotation AB, autour duquel s'effectue le mouvement de la lunette; on enlève la lunette et on la retourne de manière à placer le tourillon de droite sur le coussinet de gauche et réciproquement, et on vise de nouveau la mire; si l'axe optique Oa est perpendiculaire à l'axe de rotation AB, après le retournement il reprend exactement la même direction Oa, et l'on voit au point de croisement des fils du réticule la même division a de la mire. Mais, si l'axe optique est oblique à l'axe AB et a par exemple la direction Ob, il prend après le retournement la direction Oc, symétrique de Ob par rapport à la perpendiculaire Oa; avant le retournement, on voyait la division b au point de croisement des fils; après, on voit une autre division c. A l'aide de la clef dont nous avons parlé, on imprime au réticule un petit déplacement horizontal (de droite à gauche dans l'exemple actuel), de manière à amener le point de croisement des fils sur la division moyenne a; l'axe optique devient ainsi perpendiculaire à l'axe de rotation AB. Cependant il est bon d'opérer un nouveau retournement pour s'assurer que cette condition est bien remplie et d'effectuer une seconde correction si cela est nécessaire.

Fig. 129.

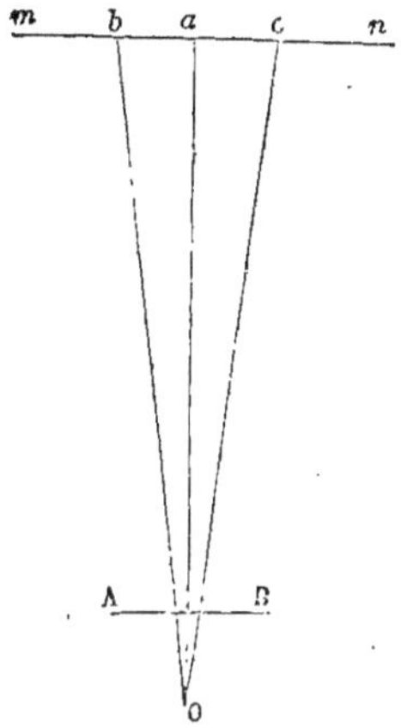

173. Nous avons supposé que le constructeur a rendu l'axe de rotation de la lunette bien perpendiculaire à l'axe vertical de l'instrument. Une fois l'axe optique réglé, comme nous l'avons dit, il est facile de reconnaître si cette condition est remplie; on met l'instrument en station à une certaine distance d'un édifice; on amène le fil vertical du réticule sur une arête verticale de l'édifice; on fixe l'alidade, puis on incline lentement la lunette et l'on voit si le fil suit bien cette arête verticale.

On est sûr alors que l'axe optique décrit un plan vertical, et, par conséquent que l'axe de rotation est horizontal.

Nous ferons remarquer d'ailleurs que cette dernière opération peut servir à vérifier à la fois que l'axe de rotation est horizontal et que l'axe optique de la lunette est perpendiculaire à cet axe de rotation.

CHAPTIRE III.

NIVEAU D'ÉGAULT ET ÉCLIMÈTRE.

Niveau d'Égault.

174. Dans les grands nivellements, on remplace le niveau d'eau par un niveau à bulle monté pour cet usage. On a donné à l'instrument plusieurs dispositions différentes. La plus généralement adoptée est celle que l'on doit à M. Égault, ingénieur en chef des ponts et chaussées : c'est celle que nous allons décrire.

Fig. 130.

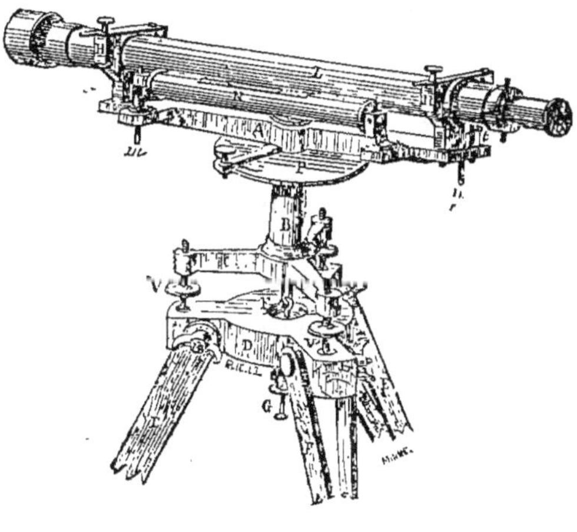

Le niveau d'Égault (fig. 130) se compose d'une alidade en cuivre A, portant un niveau à bulle N et une lunette L. Cette alidade repose sur un plateau P, et tourne librement autour d'un axe qui est perpendiculaire au plan du plateau. Le plateau est porté par un pied B terminé par trois branches C, C', C'', munies de vis calantes V, V', V''.

L'appareil est posé sur une petite table en bois D très-épaisse, que portent trois grandes branches E, E, E, dont les extrémités, garnies de fer, s'enfoncent dans le sol. Les pointes des vis calantes, au lieu d'appuyer sur le bois, reposent dans des rainures pratiquées sur de petites pièces de cuivre incrustées dans la table. Enfin, l'appareil est lié à la table par un crochet F, qui tient à un anneau fixé au centre des trois branches C, C', C'', et traverse la table D (fig. 131). Une vis de pression G, s'engageant dans ce crochet et dans un écrou fixé au-dessous de la table, permet d'appuyer l'appareil contre la table et de lui donner ainsi une grande stabilité.

Fig. 131.

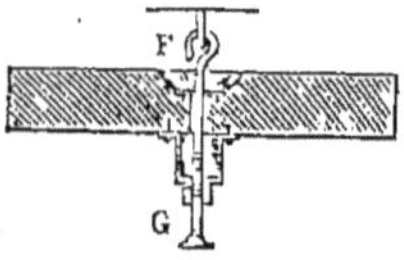

Pour mettre l'instrument en station, on rend parfaitement vertical l'axe autour duquel tourne toute la partie supérieure de l'instrument; on y parvient à l'aide du niveau N (la vis de rappel *m* sert à régler le niveau en soulevant ou abaissant une de ses extrémités) et des trois vis calantes V, V', V''; la manœuvre est exactement la même que celle que nous avons décrite et expliquée en détail à propos du cercle (n^os **168** et **169**). Alors l'axe optique de la lunette, qui est perpendiculaire à l'axe de rotation, est horizontal; il décrit donc, en tournant autour de cet axe, un plan horizontal bien déterminé : c'est le plan du niveau.

La lunette est munie d'un réticule portant deux fils très-fins rectangulaires; quatre vis de rappel, placées suivant les prolongements des fils, permettent de déplacer l'anneau dans son plan, de manière à amener le point de croisement des fils en un point déterminé.

Le tirage de la lunette s'effectue comme nous l'avons expliqué (n° **95**) ; l'opérateur règle d'abord la position de l'oculaire par rapport au réticule suivant sa vue; puis il fait mouvoir ensemble le tube de l'oculaire et celui du réticule, jusqu'à ce que l'image de la mire, placée à une distance égale à la portée moyenne du niveau, tombe exactement dans le plan du réticule. Ici la vis à tête saillante qui règle le mouvement du tube du réticule est fixée directement à ce tube.

175. La lunette n'est pas invariablement fixée à l'alidade, elle s'appuie par deux anneaux sur deux étriers H, H portés par l'alidade; l'un de ces étriers est fixe, l'autre peut être élevé ou abaissé à l'aide d'une vis de rappel *n*. Les surfaces extérieures de ces anneaux, travaillées avec soin, appartiennent à un même cylindre, dont les génératrices sont parallèles à l'axe géométrique de la lunette. De cette manière, quand on fait tourner la lunette sur elle-même dans les étriers, son axe géométrique reste immobile, et, quand on la retourne bout pour bout, l'axe reprend sa première position. Un bourrelet qui accompagne chaque anneau empêche tout mouvement d'avance ou de recul.

Il faut rendre l'axe géométrique de la lunette bien perpendiculaire à l'axe vertical de l'instrument. Pour cela on vise un point fixe, le centre du voyant par exemple, que l'on place de manière que son image apparaisse au point de croisement des fils. On fait tourner l'alidade de 180 degrés autour de son axe de rotation. On enlève la lunette de dessus les étriers, on la retourne bout pour bout, de manière que le contact de la lunette et des étriers ait lieu suivant la même génératrice. Si l'axe géométrique de la lunette est perpendiculaire à l'axe de rotation, il reprendra la même direction, et le point visé apparaîtra encore au point de croisement des fils. Dans le cas contraire, il s'en écarte; on corrige la moitié de l'écart en soulevant ou abaissant l'un des étriers avec la vis *n*. On recommence cette opération pour faire une nouvelle correction, si cela est nécessaire. L'axe géométrique, ainsi rendu perpendiculaire à l'axe de rotation, est horizontal, puisque celui-ci est vertical.

Centrage de la lunette.

176. On dit que la lunette est *centrée* quand l'image d'un même point fixe, visé avec la lunette, reste couverte par le point de croisement des fils du réticule, pendant qu'on fait tourner la lunette autour de son axe géométrique. Si le centre optique de l'objectif était situé sur l'axe géométrique de la lunette, il suffirait, pour centrer la lunette, d'amener le point de croisement des fils sur cet axe : alors l'axe optique de la lunette coïnciderait avec l'axe géométrique. Mais généralement le centre de l'objectif n'est pas rigoureusement sur l'axe géométrique. On peut néanmoins centrer la lunette pour une distance déterminée; il suffit de placer la lunette de manière que l'axe géométrique prolongé rencontre le point visé, et d'amener le point de croisement des fils sur l'image de ce point. Si l'on fait ensuite tourner la lunette sur elle-même autour de son axe géométrique, le point de croisement des fils recouvrira toujours l'image du point visé, car ces deux points décrivent la même circonférence autour de l'axe géométrique. Remarquons toutefois que la lunette, ainsi centrée pour une certaine distance, peut ne pas l'être pour une autre distance.

177. Dans la pratique du nivellement, il n'est pas nécessaire que la lunette soit complétement centrée; il suffit que, l'axe géométrique de la lunette étant horizontal, ainsi qu'un des fils du réticule, tous les points couverts par ce fil soient dans le plan horizontal passant par l'axe. Or, pour remplir cette condition, il n'est pas nécessaire que l'axe géométrique prolongé rencontre le point visé, dont l'image est couverte par le point de croisement des fils; il suffit évidemment qu'il rencontre l'horizontale, menée par ce point parallèlement au plan des fils.

On commence par rendre horizontal un des fils du réticule; pour cela, on vise un point fixe qui apparaît au point de croisement des fils, et on fait tourner lentement l'alidade. Si l'un des fils est horizontal, pendant le mouvement de l'alidade il recouvrira constamment le point fixe; s'il s'en écarte, il n'est pas horizontal, et l'on fait tourner lentement la lunette sur elle-même jusqu'à ce qu'il devienne horizontal. Une disposition particulière permet de fixer la lunette dans cette position. Près de chaque anneau, la lunette porte un petit taquet saillant *t*, contre lequel vient buter la pointe d'une vis attachée à l'étrier voisin; quand on a rendu, par tâtonnements, un fil horizontal, on règle les vis de manière que les pointes soient en contact avec les taquets. Les vis une fois réglées, il suffit, pour rendre un des fils de la lunette horizontal, d'établir le contact des vis et des taquets. Les deux taquets sont d'ailleurs disposés de telle sorte que, si l'on fait tourner la lunette sur elle-même dans le sens où ce mouvement est possible, dès que le contact est établi de nouveau entre les taquets et les vis, la lunette a tourné sur elle-même exactement de 180 degrés et le fil redevient encore horizontal.

Il s'agit maintenant de centrer la lunette par rapport à ce fil horizontal du réticule; il faut pour cela que, lorsque ce fil couvre l'image d'un point, l'axe géométrique de la lunette prolongé rencontre l'horizontale menée par le point visé parallèlement au plan des fils. Pour voir si cette condition est remplie, on vise avec la lunette un point fixe qui apparaît au point de croisement des fils; on fait tourner la lunette de 180 degrés sur elle-même, et on vise de nouveau le point fixe. Si l'axe géométrique rencontre l'horizontale menée par le point visé parallèlement au plan des fils, l'image de ce point, avant et après la rotation de la lunette, est à égale distance du plan horizontal mené par l'axe; d'autre part, le fil horizontal, avant et après la rotation de la lunette, est aussi à égale distance de ce plan horizontal. Si donc le fil couvre l'image du point visé avant la rotation de la lunette, il doit encore la couvrir après.

S'il en est autrement, on soulève ou on abaisse le fil du réticule, tout en le laissant horizontal, à l'aide des deux vis verticales destinées à cet effet, de manière à corriger la moitié de l'écart du fil et de l'image. On recommence plusieurs fois cette opération, en plaçant chaque fois le point fixe (centre du voyant) de manière que son image soit couverte par le fil horizontal, jusqu'à ce que, après la demi-révolution de la lunette sur elle-même, l'image du point visé reste exactement couverte par le fil.

Nivellement par la méthode de M. Égault.

178. L'appareil, quoique parfaitement réglé, peut se déranger pendant le cours des opérations; de plus, le centrage de la lunette, obtenu pour une distance égale à la portée moyenne du niveau, peut ne pas subsister quand on vise des points plus ou moins éloignés. Il importe donc de conduire les opérations de manière à se mettre à l'abri de ces diverses causes d'erreur. M. Égault a proposé une méthode très-simple qui permet, à la rigueur, d'arriver à un résultat exact lors même que la lunette n'est pas centrée et que son axe géométrique n'est pas perpendiculaire à l'axe de rotation de l'alidade. La seule condition nécessaire, c'est que cet axe de rotation soit bien vertical.

La méthode consiste à donner sur le point visé quatre coups de niveau, correspondant aux quatre positions de la lunette pour lesquelles un même fil du réticule est horizontal, et à prendre la moyenne des quatre hauteurs de mire ainsi obtenues.

Le niveau étant mis en station, on tourne la lunette sur elle-même, de manière à rendre un fil du réticule horizontal, on vise et on obtient un premier coup de niveau. On fait tourner la lunette de 180 degrés autour de son axe géométrique, on vise de nouveau et l'on obtient un second coup de niveau. Cela fait, on enlève la lunette, on la retourne bout pour bout, on la replace sur les étriers, et on fait tourner l'alidade de 180 degrés autour de l'axe vertical, afin de ramener l'objectif du côté de la mire; en opérant comme précédemment, on obtient un troisième et un quatrième coup de niveau.

Fig. 132.

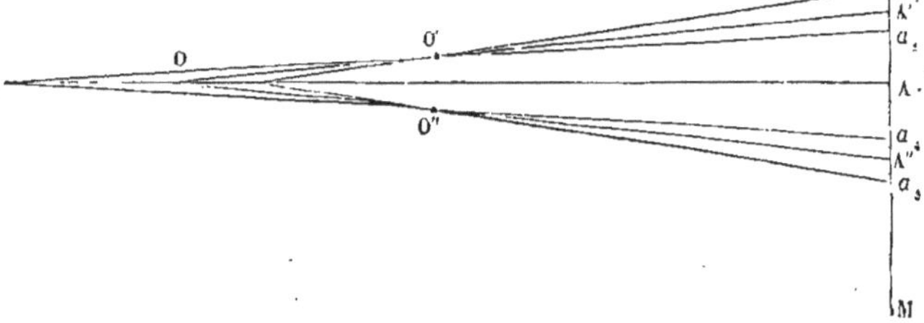

179. Soient M (fig. 132) le point dont on cherche la cote, OA l'horizontale du niveau mis en station, O'A' la direction de l'axe géométrique de la lunette, $O'a_1$ la direction de l'axe optique de la lunette non centrée. Si on fait tourner la lunette de 180 degrés autour de son axe géométrique, l'axe optique se place suivant $O'a_2$, symétriquement par rapport à OA'. Lorsqu'on a retourné la lunette bout pour bout, et fait tourner l'alidade de 180 degrés autour de l'axe de rotation, l'axe de la lunette a pris la direction O''A'' symétrique de O'A' par rapport à l'horizontale OA, et, dans les deux positions de la lunette pour lesquelles le même fil du réticule est horizontal, l'axe optique prend les deux directions $O''a_3$, $O''a_4$ symétriques entre elles par rapport à O'A', et symétriques l'une de $O'a_1$, l'autre de $O'a_2$, par rapport à OA.

La hauteur de mire cherchée est MA ; Ma_1, Ma_2, Ma_3, Ma_4 sont les quatre hauteurs de mire trouvées ; on a évidemment

$$MA = \frac{MA' + MA''}{2}, \quad MA' = \frac{Ma_1 + MA_2}{2}, \quad MA'' = \frac{Ma_3 + Ma_4}{2},$$

d'où

$$MA = \frac{Ma_1 + Ma_2 + Ma_3 + Ma_4}{4}.$$

On a même plus simplement

$$MA = \frac{Ma_1 + Ma_3}{2} \quad \text{ou} \quad MA = \frac{Ma_2 + Ma_4}{2}.$$

Il suffit donc *de viser une première fois dans une position donnée de l'appareil, et de viser une seconde fois, après avoir fait décrire à l'alidade un angle de 180 degrés, retourné la lunette bout pour bout et fait décrire à la lunette dans cette nouvelle position une demi-révolution sur elle-même;* toutes les erreurs qui peuvent exister dans la première opération se reproduisent dans la seconde en sens contraire.

C'est suivant ce dernier mode que l'on opère habituellement. Toutefois, avant de commencer un nivellement, on doit régler complétement l'instrument, afin que les corrections n'aient à porter que sur de très-petites différences; et si, dans le cours des opérations, on s'aperçoit que ces différences deviennent trop grandes, elles accusent un dérangement de l'instrument que l'opérateur doit corriger avant de continuer le nivellement.

Mire parlante.

160. La mire dont nous avons fait usage jusqu'ici présente quelques inconvénients. Par les temps humides, le bois gonfle, et il devient très-difficile de faire glisser la coulisse pour allonger la mire; à chaque coup de niveau, il faut à l'aide un temps plus ou moins long pour amener, sur les indications de l'opérateur, la ligne de foi du voyant à une hauteur convenable, lire cette hauteur et la faire connaître à l'opérateur qui l'inscrit. De plus, quand la portée du niveau est un peu grande, le diamètre apparent du voyant devenant très-petit, le fil, si délié qu'il soit, couvre une partie sensible de l'image du voyant, qui peut être déplacé de quelques millimètres sans que la ligne de foi cesse d'être couverte par le fil. On évite en partie ce dernier inconvénient, en plaçant au centre du voyant un petit cercle blanc qu'il est facile à vue de partager en deux parties égales par le fil du réticule.

On remplace avantageusement la mire ordinaire par une autre qui ne présente aucun des inconvénients que nous avons signalés et que l'on nomme *mire parlante*. Cette mire n'a pas de voyant, elle est formée d'une planche de bois bien sec de 10 à 15 centimètres de largeur, et de 2 à 5 mètres de hauteur. Son épaisseur est de 2 à 3 centimètres à la partie inférieure, et diminue progressivement, de manière à n'être que de 1 centimètre environ à la partie supérieure. Une des faces est divisée en centimètres; ces divisions sont alternativement rouges et blanches, et occupent la moitié de la largeur de la règle. Sur l'autre moitié sont inscrits les chiffres indiquant la graduation en décimètres. Ces chiffres sont renversés, afin d'être vus droits à travers la lunette, qui renverse les objets. Des points placés au-dessous de ces chiffres désignent le nombre de mètres; les millimètres sont appréciés à vue; cette appréciation peut être faite très-exactement; avec un peu d'habitude, on arrive sans difficulté à évaluer le vingtième d'une division.

181. Comme, d'après la méthode de M. Égault, chaque hauteur de mire s'obtient en faisant la demi-somme de deux coups de niveau, il y a avantage à inscrire sur la mire, en face d'une division, la moitié de la hauteur correspondante, au lieu de la hauteur elle-même, parce qu'alors la hauteur de mire cherchée s'obtient en faisant la somme des deux hauteurs qui ont été lues. D'après cette remarque, M. Bourdaloue emploie une mire (fig. 133) qui est une règle divisée de 40 en 40 centimètres; chacune de ces divisions comprend deux groupes contenant chacun cinq subdivisions de 4 centimètres. Les subdivisions d'un groupe, alternativement rouges et blanches, occupent une moitié de la largeur de la mire, celles du groupe suivant l'autre moitié.

Fig. 133.

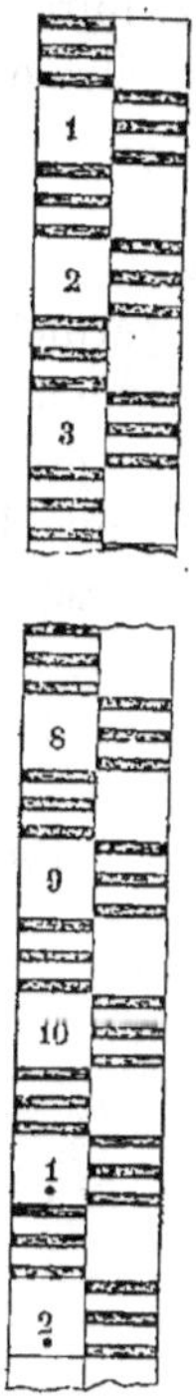

Les divisions de la règle sont numérotées de bas en haut de 1 à 10. Les numéros sont renversés; un ou plusieurs points marqués sous les numéros suivants indiquent combien il y a de dizaines entières de divisions au-dessous de la division correspondante. Chaque division sur la règle vaut en réalité 40 centimètres; mais comme il faut prendre la moitié, on ne la comptera que pour 20 centimètres; de même chaque subdivision, valant 4 centimètres, ne sera comptée que pour 2 centimètres. De cette manière, on lit directement, à 2 centimètres près, la hauteur de mire. Pour obtenir le nombre de millimètres à ajouter, on partage à vue d'œil en 20 parties égales la subdivision sur laquelle se projette le fil à travers la lunette, et on estime combien la portion de cette subdivision, qui est vue *au-dessus* du fil, contient de vingtièmes. Chacun de ces vingtièmes vaut en réalité 2 millimètres; mais comme il faut prendre la moitié, on ne le comptera que pour 1 millimètre.

On opère avec la mire parlante beaucoup plus rapidement qu'avec la mire ordinaire, et les résultats obtenus sont plus exacts, parce que l'aide, n'ayant plus à faire mouvoir le voyant d'après les indications de l'opérateur, arrive plus sûrement à tenir la mire bien verticale; il peut même s'aider d'un fil à plomb, ce qu'il ne peut faire avec la mire ordinaire. Ajoutons qu'une mire parlante bien construite coûte moitié moins qu'une mire ordinaire.

Niveau de pente.

182. Le niveau à bulle, que nous venons de décrire en détail, permet d'opérer avec exactitude le nivellement d'une grande étendue de terrain; mais l'emploi de cet instrument exige des précautions très-minutieuses et beaucoup de temps. Dans les nivellements, qui ne demandent pas une extrême précision, lorsqu'il s'agit, par exemple, de faire l'avant-projet d'une route ou d'un canal, les ingénieurs, afin d'aller plus vite, emploient de préférence d'autres instruments moins précis, tels que le niveau de pente, l'alidade nivellatrice et l'éclimètre.

Le niveau de pente a pour objet de mesurer directement la pente du terrain d'un point à un autre. Parmi les divers instruments construits dans ce but, nous ne parlerons que du niveau de pente de Chézy, tel qu'on l'emploie aujourd'hui dans le service des ponts et chaussées.

Fig. 134.

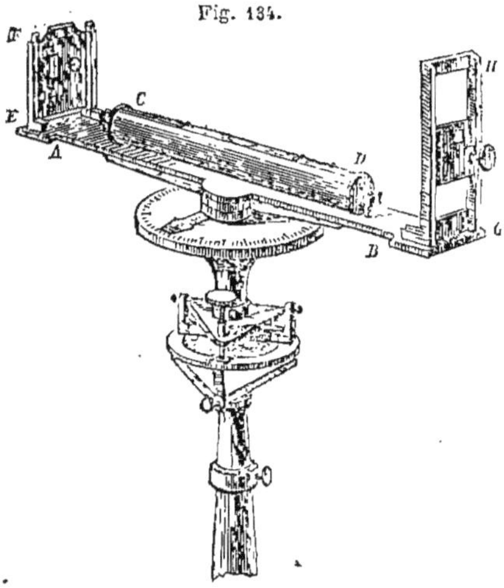

Cet instrument se compose d'une règle en cuivre AB (fig. 134) portant un niveau à bulle CD et deux pinnules d'inégale longueur EF, GH. La plus petite EF est percée d'un petit trou rond évasé en cône intérieurement et servant d'œilleton; à côté est une croisée traversée par deux fils tendus, dont le point de croisement est à la hauteur du trou. La grande pinnule GH porte une plaque mobile K disposée comme la petite pinnule, et de manière que l'œilleton de l'une se trouve en face de la croisée de l'autre. Cette plaque peut être à volonté élevée ou abaissée au moyen d'une vis *m* engrenant dans une crémaillère verticale. Un des montants porte une échelle graduée, chaque division est égale à la centième partie de la longueur de la règle AB, ou plus exactement de la distance entre les faces extérieures des deux pinnules; le zéro de l'échelle est à même hauteur au-dessus de la règle que l'œilleton de la pinnule fixe. Sur la plaque mobile est gravé un vernier qui donne les 0,2 des divisions de l'échelle, et dont le zéro correspond au centre du réticule de cette plaque.

Quand le zéro du vernier coïncide avec le zéro de l'échelle, le rayon visuel qui passe par l'œilleton de l'une des pinnules et le centre du réticule de l'autre est horizontal; quand on élève ensuite la plaque mobile, on peut évaluer cette élévation à 0,002 près, la longueur de la règle étant prise pour unité. Le nombre des divisions lu sur l'échelle marque évidemment la pente du rayon visuel. Enfin la règle de cuivre AB est montée sur un petit cercle de cuivre M, porté par un genou à double articulation, dont la douille est placée sur un pied à trois branches; la règle peut tourner autour d'un pivot perpendiculaire au plan du cercle. Une alidade, parcourant les divisions du cercle, indique l'angle horizontal décrit par la règle.

Pour mesurer la pente d'une droite PQ, on place l'instrument en P; à l'aide du niveau posé sur la règle, et grâce à la double articulation du genou, on rend horizontal le plan du cercle par la manœuvre ordinaire. On met le zéro du vernier en coïncidence avec le zéro de l'échelle; puis, plaçant la mire à une petite distance sur un terrain horizontal, on fait mouvoir le voyant de manière à amener son centre sur la ligne de visée, et on le fixe dans cette position. Cela fait, l'aide porte la mire en Q; si le point Q est plus élevé que le point P, l'opérateur placé en P vise par l'œilleton de la petite pinnule EF, et, à l'aide de la vis m, élève la plaque mobile K, jusqu'à ce que le centre du réticule vienne se placer exactement sur la ligne de foi de la mire; il lit ensuite l'élévation de la plaque sur l'échelle graduée; le nombre lui indique la pente de la droite PQ. Si le point Q est au contraire moins élevé que le point P, l'opérateur, dirigeant l'instrument en sens inverse, vise par l'œilleton de la plaque mobile K, et élève cette plaque jusqu'à ce que le rayon visuel mené par le centre du réticule fixe passe par la ligne de foi du voyant.

Quand on connaît la distance horizontale des deux points P et Q, on peut, au moyen de la pente de la droite PQ, calculer la différence de niveau de ces deux points. Le plus souvent, comme on a à sa disposition les plans du cadastre, on se dispense de mesurer cette distance à la chaîne; on la prend simplement sur le papier avec un compas.

Lorsque d'une même station l'opérateur relève la pente du terrain dans diverses directions, le cercle horizontal M lui permet de mesurer les angles réduits à l'horizon que font entre elles ces diverses directions, ce qui est très-utile dans la pratique. Quand on veut tracer sur le terrain une droite ayant une pente donnée, on amène le zéro de la plaque mobile sur le numéro de l'échelle graduée qui est égale à cette pente; la ligne de visée a alors la pente voulue. Le voyant étant fixé sur la mire dans la position indiquée précédemment, l'aide transporte la mire à une certaine distance du point où est placé l'instrument, et monte ou descend sur le sol jusqu'à ce que l'opérateur voie la ligne de foi sur la ligne de visée.

Cet instrument, d'un usage rapide et commode, donne des résultats suffisamment approchés pour les avant-projets de routes, de canaux, de chemins de fer; on l'emploie aussi avec avantage dans les grands travaux d'irrigation ou de drainage.

L'*alidade nivellatrice* est une règle à pinnules, analogue à la précédente, et portant un niveau à bulle. On la place sur la planchette; on peut ainsi mesurer les pentes et tracer en même temps les directions sur la planchette.

Éclimètre.

183. L'éclimètre est un instrument destiné à mesurer, non plus la pente d'une droite, mais l'angle qu'elle fait avec l'horizon; on l'adjoint ordinairement à une boussole (fig. 135), afin de pouvoir mesurer aussi les angles réduits à l'horizon. Celui qu'on emploie aujourd'hui dans le service des ponts et chaussées se compose d'une boussole semblable à la boussole d'arpenteur; cette boussole porte un niveau à bulle; à l'un des côtés de la boîte, et perpendiculairement à son plan, est fixé un cercle gradué sur lequel se meut une lunette qui remplace l'alidade de la boussole d'arpenteur.

Fig. 135.

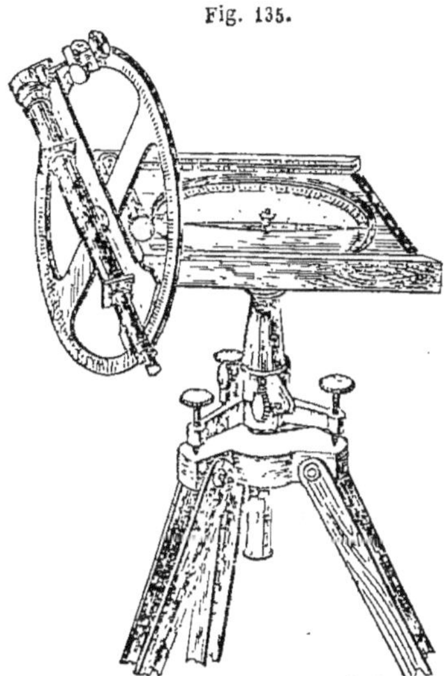

Pour mesurer l'inclinaison de la droite qui joint deux points, on place l'instrument à l'un des points, et après avoir, à l'aide du niveau à bulle, rendu parfaitement vertical l'axe autour duquel tourne tout l'instrument, on incline la lunette de manière à viser le second point, et on lit sur le cercle vertical gradué l'angle que fait la droite avec l'horizon. La tangente trigonométrique de cet angle donne la pente.

Les ingénieurs préfèrent cet instrument au précédent, parce que la lunette détermine la ligne de visée avec beaucoup plus de précision que l'alidade à pinnules.

Stadia.

184. Au lieu de mesurer une longueur à la chaîne, ce qui est quelquefois très-difficile, on peut effectuer cette mesure à l'aide d'une lunette et d'une règle, appelée *stadia*, divisée en parties égales. La lunette est munie d'un réticule formé de deux fils horizontaux, équidistants du centre *d*. Pour mesurer la longueur horizontale AB, l'opérateur place en A la lunette portée par un pied à trois branches, et après l'avoir dirigée vers la stadia qu'un aide tient verticalement en B, il lit le nombre des divisions de la règle comprises entre les deux fils du réticule. De ce nombre, on déduit facilement la distance AB.

En effet, soit O le centre optique de l'objectif de la lunette (fig. 136), *mn* l'image de la partie MN de la règle comprise entre les deux fils du réticule; les triangles semblables MON, *mOn*, donnent la proportion

Fig. 136.

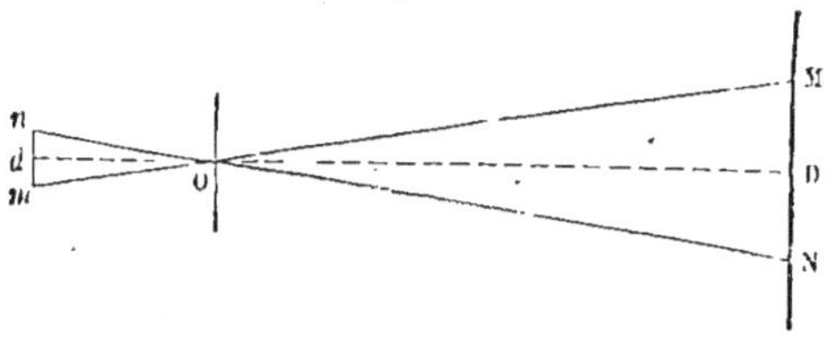

$$\frac{OD}{Od}=\frac{MN}{mn}.$$

Si l est la longueur de chaque division de la règle, n le nombre des divisions de la partie MN, h l'écartement mn des fils du réticule, on a

$$(1) \qquad \frac{OD}{Od}=n\,\frac{l}{h}.$$

La distance Od de l'objectif au réticule pourrait être mesurée; mais, comme elle varie avec la longueur OD, il y a avantage à introduire dans la formule la distance focale f de l'objectif, qui est une longueur invariable pour une lunette donnée. On sait que les distances OD et Od de l'objectif à l'objet et à son image sont liées par la relation

$$(2) \qquad \frac{1}{OD}+\frac{1}{Od}=\frac{1}{f}.$$

En remplaçant dans cette relation Od par sa valeur tirée de la relation (1), on obtient la formule

$$(3) \qquad OD - f = n\frac{lf}{h}.$$

Pour plus de simplicité, on donne à l'écartement h des fils du réticule une valeur telle que la longueur $\frac{lf}{h}$ soit égale à l'unité; si $l = 0{,}02$, on fait $h = f \times 0{,}02$. De cette manière, pour avoir la longueur OD en mètres, il suffit d'ajouter au nombre n lu sur la stadia la distance focale f. La longueur que l'on cherche, c'est la longueur OD, augmentée de la distance connue a de l'objectif O au centre de l'instrument; au nombre n lu sur la stadia, on ajoutera donc la longueur constante $\alpha = f + a$.

185. Ce qui précède suppose que la stadia est tenue perpendiculairement à l'axe optique de la lunette. Quand la longueur à mesurer est horizontale, il suffit de tenir la stadia verticale; un petit niveau à bulle porté par la règle indique si cette condition est remplie. Quand la droite est inclinée à l'horizon, on pourrait encore placer la stadia perpendiculairement à l'axe optique de la lunette, en dirigeant vers la lunette le bras d'une équerre fixée à la règle en son milieu. Mais il est plus commode d'opérer autrement.

Fig, 137.

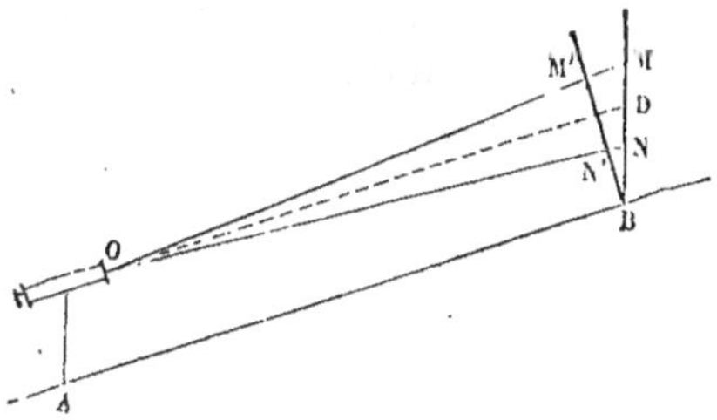

L'aide tient toujours la stadia verticalement en B; l'opérateur dirige la lunette vers le point D de la règle, distant du pied B d'une longueur BD égale à la hauteur de la lunette au-dessus du point A (fig. 137), et il lit le nombre n des divisions de la partie MN de la règle comprise entre les deux fils du réticule. Si la règle était perpendiculaire à l'axe optique OD de la lunette, il verrait la partie M'N', comprise dans l'angle MON. A cause de la petitesse de cet angle, on peut regarder les droites OM′ et ON′ comme étant sensiblement perpendiculaires à M′N′, et la droite M′N′ comme la projection de MN sur BM′; on a donc M′N′ = MN × cosφ, en désignant par φ l'angle de la droite OC avec l'horizon; comme il faut substituer à n le nombre $n\cos\varphi$, la longueur inclinée AB est $n\cos\varphi + \alpha$.

On obtient avec la stadia des résultats assez exacts, quand la distance à mesurer ne dépasse pas 1200 fois la distance focale de l'objectif. Dans ces conditions l'erreur relative commise par un opérateur exercé ne dépasse pas $\frac{1}{4000f}$. La distance focale des lunettes employés à cet usage varie de 0,15 à 0,35. Si la distance focale est 0,25, on peut mesurer une longueur ne dépassant pas 230 mètres, avec une erreur relative de $\frac{1}{1000}$. C'est une approximation au moins aussi grande que celle que l'on peut obtenir avec la chaîne sur les terrains horizontaux. Sur les terrains inclinés, la stadia donne des résultats plus exacts que la chaîne. Mais les lectures prennent un certain temps; aussi n'y a-t-il avantage à substituer l'emploi de la stadia à celui de la chaîne que pour les grandes distances, et principalement lorsque le chaînage présente des difficultés.

NOTE A.

SPHÉRICITÉ DE LA TERRE.

184. Jusqu'ici nous avons supposé que les cotes des différents points nivelés représentent les hauteurs de ces points au-dessus d'un même plan horizontal pris pour plan général de comparaison. Cela serait vrai si tous les points nivelés et les points de station étaient assez voisins pour que l'on pût regarder leurs verticales comme parallèles entre elles. Mais si l'on réfléchit que les verticales de deux points de la surface de la terre situés à 31 mètres font entre elles un angle d'une seconde, on comprendra que, dans le nivellement d'un terrain d'une certaine étendue, les plans horizontaux, déterminés par le niveau aux différentes stations, plans perpendiculaires aux verticales de ces points de station, ne peuvent être regardés comme parallèles entre eux, et que, par conséquent, les cotes des points nivelés ne peuvent être regardées comme indiquant les hauteurs de ces points au-dessus d'un même plan pris pour plan de comparaison. Sans rien changer au mode d'opération que nous avons décrit, il faut modifier un peu le sens de ce qu'on appelle *cote d'un point.*

On dit que deux points sont de *niveau*, quand on peut aller de l'un à l'autre sans monter ni descendre. Une surface est dite *surface de niveau* quand tous ses points sont de niveau, c'est-à-dire quand on peut la parcourir dans tous les sens sans monter ni descendre. Une telle surface est définie géométriquement par la condition d'être normale à toutes les verticales. D'après la loi d'équilibre des liquides, la surface libre d'une masse d'eau tranquille est une surface de niveau; telle est, par un temps calme, la surface de la mer. Si la terre était rigoureusement sphérique, les surfaces de niveau seraient des surfaces sphériques, concentriques à la surface terrestre. A la vérité, la terre a à peu près la forme d'un ellipsoïde de révolution autour de la ligne des pôles; mais on peut, dans les opérations du nivellement, regarder sans erreur sensible la surface de la terre comme sphérique, et les surfaces de niveau comme des surfaces sphériques concentriques à la surface terrestre.

Cela posé, on appelle *cote* ou *altitude* d'un point par rapport à une surface de niveau determinée, la distance verticale de ce point à cette surface, et *différence de niveau* de deux points, la différence des altitudes de ces deux points par rapport à une même surface de niveau quelconque.

Le nivellement d'un terrain, quelle que soit son étendue, a pour objet la détermination des *cotes* ou *altitudes* d'un certain nombre de points de ce terrain, par rapport à une même surface de niveau. La résolution de ce problème général est facilement ramenée à la résolution de ce problème élémentaire : *Trouver la différence de niveau de deux points.*

185. Soient A et B ces deux points (fig. 138), M un point dont les distances horizontales aux points A et B sont égales : si, plaçant le niveau en M, on cherche la différence de niveau de ces points comme nous l'avons expliqué avant d'avoir modifié le sens de cette expression, on trouve la différence de niveau exacte de ces deux points. En effet, la différence de niveau exacte de ces deux points est la différence de leurs distances verticales à une même surface de niveau quel-

Fig. 138.

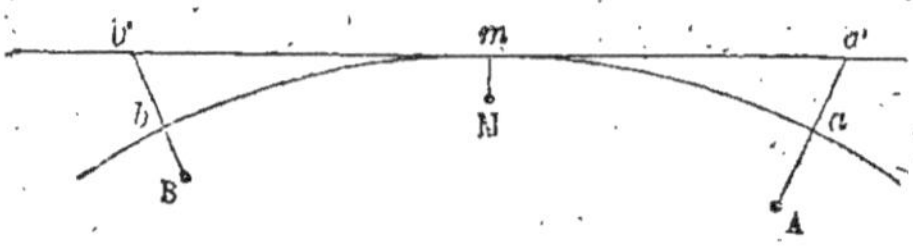

conque, par exemple à la surface de niveau qui passe par le point m où l'axe vertical du niveau coupe le plan horizontal déterminé par cet instrument. Les verticales des points A et B rencontrent cette surface de niveau en a et b, et le plan du niveau en a' et en b'. La différence de niveau exacte est $Aa - Bb$, la différence de niveau observée $Aa' - Bb'$, ou $Aa - Ab + aa' - bb'$. Mais, si les distances horizontales du point M aux points A et B sont égales, $ma = mb$, et par suite, $aa' = bb'$; la différence observée $Aa' - Bb'$ est donc égale à la différence exacte $Aa - Bb$.

Si le point M n'est pas équidistant des points A et B, l'erreur commise sur la différence du niveau des points A et B est $aa' - bb'$. Cette erreur provient de ce que les hauteurs de mire des points A et B ont été augmentées de quantités inégales aa' et bb', dues à la sphéricité de la terre.

186. Connaissant la distance horizontale du niveau et du point visé, il est facile de calculer l'erreur due à la sphéricité de la terre. On a en effet, en considérant le cercle de l'intersection de la surface de niveau passant par m, et du plan passant par la verticale de A et le point m (fig. 139),

Fig. 139.

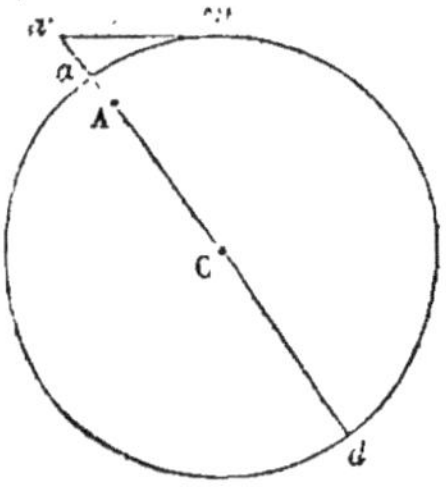

$$ma'^2 = aa' \times a'd,$$

d'où

$$aa' = \frac{\overline{ma'}^2}{a'd};$$

$a'd$, en négligeant la quantité aa', très-petite par rapport à $a'd$, est le diamètre de la terre 2R; donc

$$aa' = \frac{\overline{ma'}^2}{2R}.$$

En général, si l'on appelle d la portée du niveau, e l'erreur due à la sphéricité de la terre, on a

$$e = \frac{d^2}{2R}.$$

On trouve ainsi que pour $d = 100^m$, $e = 0^m,0008$. Par conséquent, si on a soin de ne pas viser à plus de 100 mètres, l'erreur commise sur la différence de niveau trouvée pour deux points visés de la même station est la différence de deux quantités, toutes deux moindres qu'un millimètre, et par suite est moindre qu'un millimètre. Si, de plus, le niveau est sensiblement à égale distance des deux points nivelés, les deux erreurs dues à la sphéricité de la terre deviennent sensiblement égales, et l'erreur de nivellement qui est leur différence est tout à fait négligeable.

Il n'y a donc pas à s'occuper, dans un grand nivellement, des causes d'erreur que pourrait entraîner la sphéricité de la terre, si l'on opère comme nous l'avons expliqué; il faut seulement bien comprendre que les cotes ne représentent plus les distances verticales des différents points du sol à un même plan horizontal, mais les distances verticales de ces points à une même surface de niveau, c'est-à-dire à une surface sphérique, concentrique à la surface terrestre, déterminée par la condition d'être à une distance verticale connue d'un point fixe du sol. Enfin, il faut encore remarquer que dans la pratique, pour déterminer ces cotes, on a dû substituer à cette surface sphérique une surface polyédrique formée par des plans tangents à la surface du niveau, au point où cette surface est rencontrée par les verticales des points de station.

NOTE B.

ERREUR DUE A LA RÉFRACTION ATMOSPHÉRIQUE.

187. Les couches atmosphériques étant d'autant moins denses qu'elles s'élèvent davantage, un rayon lumineux qui les traverse obliquement se dévie d'après les lois de la réfraction, et se rapproche de la normale en passant d'une couche moins dense à une couche plus dense. Il suit de là que le centre du voyant paraît toujours plus élevé qu'il ne l'est réellement; et la hauteur de mire d'un point nivelé se trouve diminuée, puisque le centre du voyant apparaît dans le plan horizontal du niveau en a', bien qu'étant au-dessous de ce plan a'' (fig. 140).

Fig. 140.

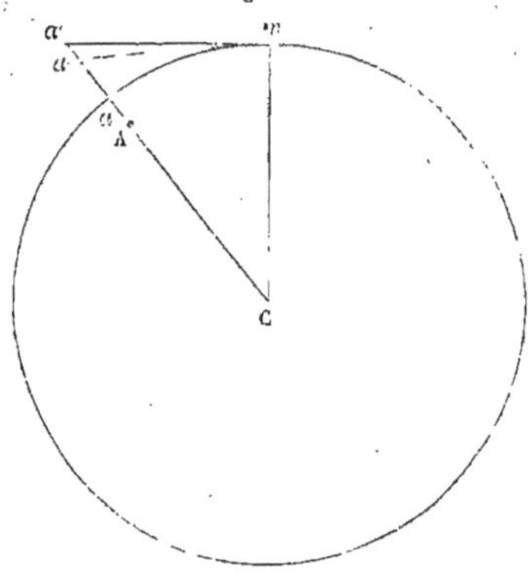

Si le niveau est placé à égale distance des deux points à niveler, cette cause d'erreur est sensiblement détruite, parce que, les deux hauteurs de mire étant diminuées de la même quantité, leur différence n'est pas altérée.

188. On peut corriger l'erreur due à la réfraction, en admettant, d'après Delambre, que, dans l'étendue des cas pratiques, l'angle $a'ma''$, sous-tendu par l'erreur due à la réfraction, est égal aux 8 centièmes de l'angle mCa' sous lequel est vue la distance ma' du centre de la terre. L'angle ama' étant la moitié de l'angle mCa', l'angle $a'ma''$ est les 16 centièmes de l'angle ama', et comme, à cause de la petitesse de ces angles, les longueurs $a'a''$, $a'a$ sont sensiblement proportionnelles à ces angles, l'erreur $a'a''$, due à la réfraction, est les 16 centièmes de l'erreur $a'a$, due à la sphéricité de la terre.

Soit d la distance du niveau et de la mire; la hauteur de mire observée est trop forte de $\frac{d^2}{2R}$ à cause de la sphéricité de la terre, et elle est trop faible de $0,16 \times \frac{d^2}{2R}$ à cause de la réfraction atmosphérique. Pour corriger cette hauteur de mire, il faut donc la diminuer de $\frac{d^2}{2R}$ et l'augmenter de $0,16 \times \frac{d^2}{2R}$, ou, ce qui revient au même, la diminuer de

$$\frac{d^2}{2R} - 0,16 . \frac{d^2}{2R} = 0,84 \frac{d^2}{2R}.$$

Pour une distance de 100 mètres, l'erreur due à la sphéricité de la terre étant $0^m,0008$, celle qui provient de la réfraction atmosphérique n'est que $0^m,0001$.

environ; la différence aa'' des deux effets, différence égale à $0^m,0007$ et inférieure à 1 millimètre, mesure l'élévation du niveau apparent au-dessus du niveau vrai; car le niveau étant placé en m et la mire en a, le point a'', qui paraît de niveau avec le point m, est élevé de $a''a$ au-dessus de la surface de niveau.

Nous donnons ci-dessous le tableau de ces corrections, calculées pour les différentes portées de niveau.

DISTANCES du niveau à la mire.	CORRECTION relative à la sphéricité de la terre.	CORRECTION relative à la réfraction atmosphérique.	DIFFÉRENCE des deux effets ou élévation du niveau apparent au-dessus du niveau vrai.
40	0,0001	0,0000	0,0001
60	0,0003	0,0000	0 0003
86	0,0005	0,0001	0,0004
100	0,0008	0,0001	0,0007
148	0,0015	0,0002	0,0013
180	0,0025	0,0004	0,0021
200	0,0032	0,0005	0,0026
300	0,0071	0,0011	0,0059
400	0,0126	0,0020	0,0106
500	0,0196	0,0031	0 0165

Dans la pratique, on évite toujours cette double correction en plaçant le niveau sensiblement à égale distance des deux points à niveler. La pratique a appris également que, pour opérer avec toute l'exactitude que comporte le niveau à bulle, il faut multiplier les stations de manière que la portée du niveau ne surpasse pas 100 mètres. Les opérateurs habiles ne regardent un nivellement fait avec un niveau à bulle comme suffisamment exact, que si la différence accusée par la vérification ne surpasse pas 15 millimètres pour 50 kilomètres.

FIN DE LA DEUXIÈME PARTIE.

TABLE DES MATIÈRES.

PREMIÈRE PARTIE.

Levé des plans.

HAPITRE PREMIER.

PRINCIPES.

CHAPITRE II.

LEVÉ AU MÈTRE.

CHAPITRE III.

LEVÉ AU GRAPHOMÈTRE.

CHAPITRE IV.

LEVÉ A L'ÉQUERRE.

CHAPITRE V.

RAPPORTER UN PLAN SUR LE PAPIER.

CHAPITRE VI.

LEVÉ A LA BOUSSOLE.

CHAPITRE VII.

LEVÉ A LA PLANCHETTE.

CHAPITRE VIII.

PROBLÈMES.

CHAPITRE IX.

ARPENTAGE.

APPENDICE.

Triangulation.

DEUXIÈME PARTIE.

Nivellement.

CHAPITRE PREMIER.

NIVEAU D'EAU ET MIRE.

CHAPITRE II.

OPÉRATION DU NIVELLEMENT.

CHAPITRE III.

PLANS COTÉS ET COURBES DE NIVEAU.

CHAPITRE IV.

PLANS COTÉS.

APPENDICE.

CHAPITRE PREMIER.

NIVEAU A BULLE.

CHAPITRE II.

VÉRIFICATION ET RECTIFICATION DU CERCLE.

CHAPITRE III.

NIVEAU D'ÉGAULT ET ÉCLIMÈTRE.

NOTE A.

NOTE B.

FIN DE LA TABLE.

PARIS. — TYPOGRAPHIE A. LAHURE
Rue de Fleurus, 9

Fig. 1. Plan de l'École Normale.

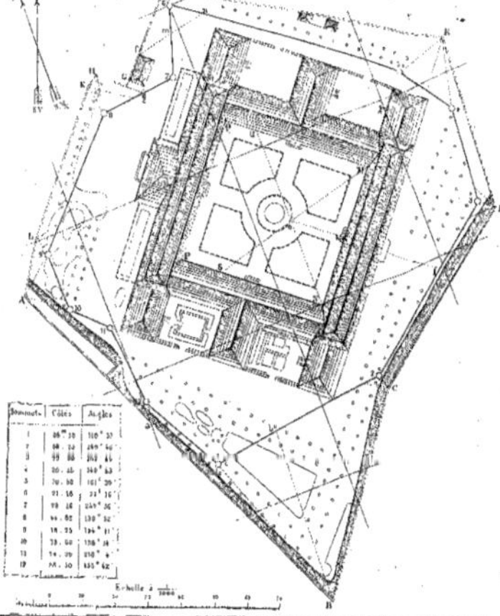

Sommets	Côtés	Angles
1	46m.30	110° 37'
2	88.32	249° 46'
3	99.88	263° 45'
4	20.45	140° 53'
5	70.50	161° 20'
6	71.16	73° 16'
7	79.16	249° 36'
8	44.82	130° 52'
9	18.25	194° 11'
10	73.60	136° 14'
11	14.20	210° 4'
12	88.50	155° 42'

Fig. 2. Plan de l'Île supérieure du Bois de Boulogne.

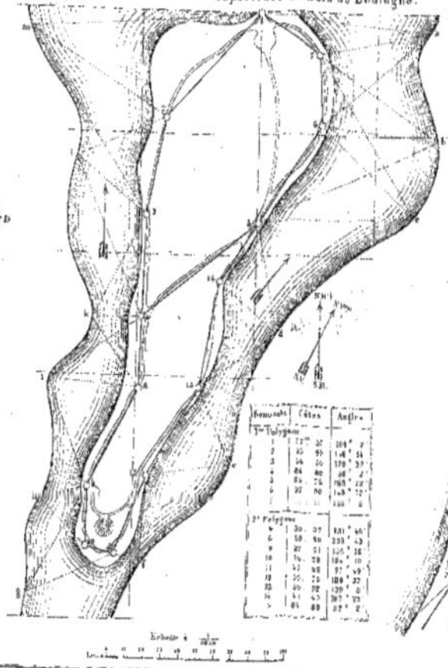

Sommets	Côtés	Angles
1er Polygone		
1	72m.37	104° 7'
2	45.95	146° 54'
3	54.50	170° 37'
4	84.80	46° 2'
5	85.75	165° 12'
6	37.00	145° 12'
7	[illegible]	100° 6'
2e Polygone		
4	30.37	131° 46'
6	59.94	203° 43'
9	27.51	125° 38'
10	74.28	184° 10'
11	47.60	97° 49'
12	35.75	180° 37'
13	40.92	120° 8'
14	41.45	307° 23'
5	84.80	37° 2'

Fig. 3. Croquis du détail de la Pointe de l'Île.

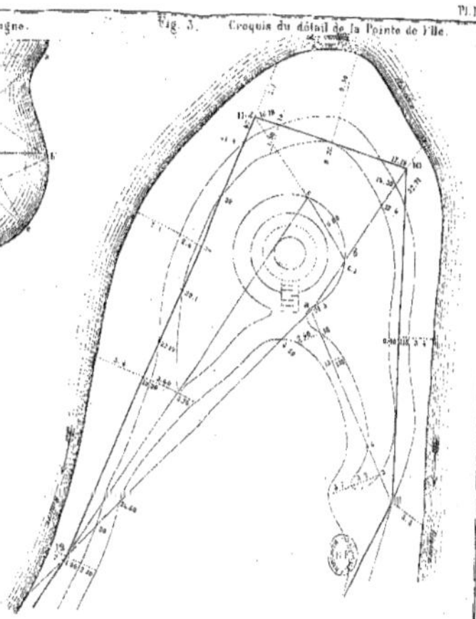

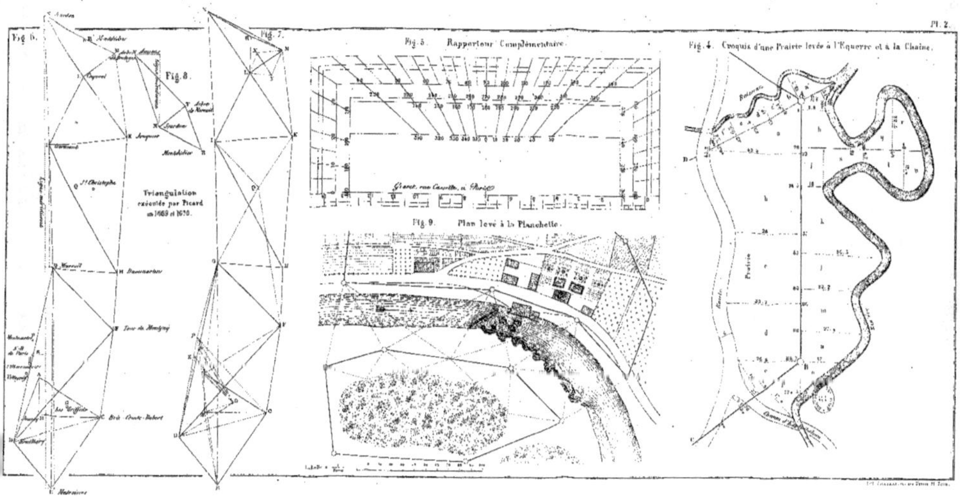
Fig. 6.
Fig. 7.
Fig. 8.
Triangulation
exécutée par Picard
en 1669 et 1670.
Fig. 5. Rapporteur Complémentaire.
Fig. 9. Plan levé à la Planchette.
Fig. 4. Croquis d'une Prairie levée à l'Équerre et à la Chaîne.

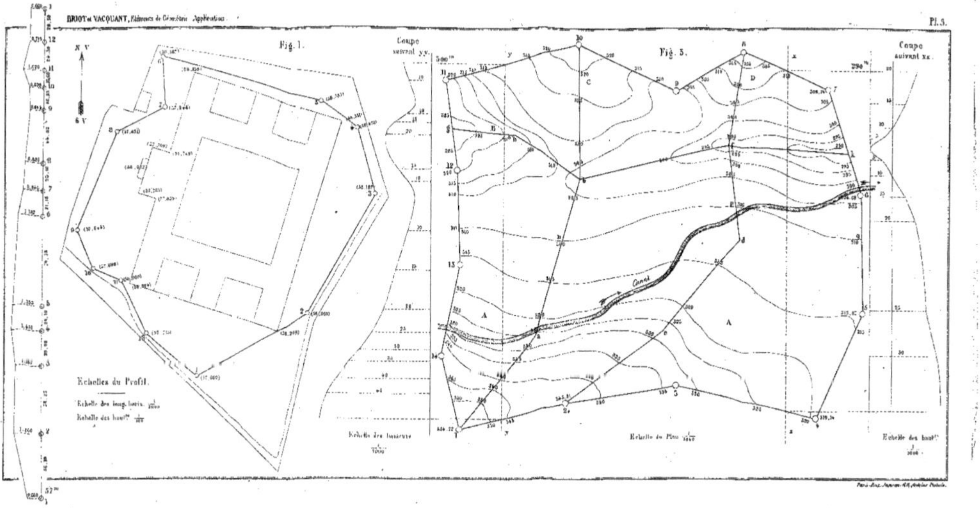
Fig. 1.
N V
S V
Echelles du Profil.
Fig. 3.
Coupe suivant yy.
Coupe suivant xx.
Canal
Echelle des hauteurs
Echelle du Plan
Echelle des haut.rs

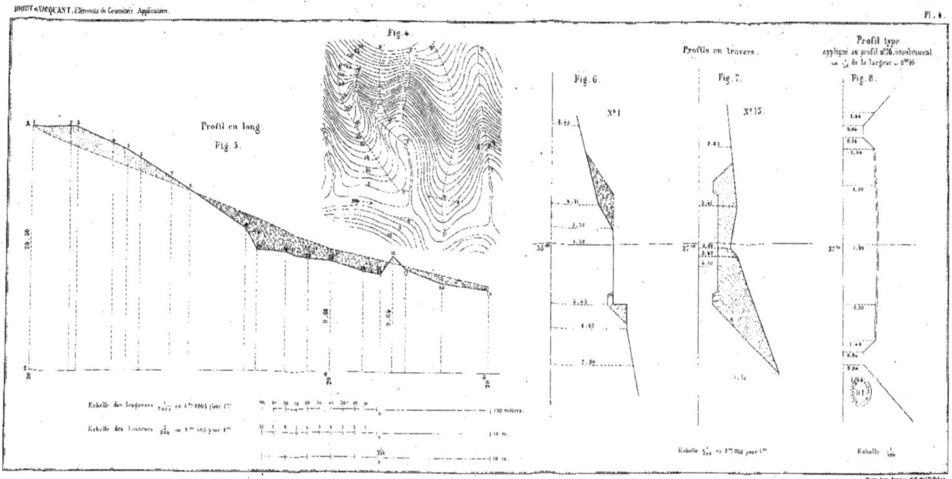
Fig. 4.
Profil en long.
Fig. 5.
Profils en travers.
Fig. 6.
N° 1
Fig. 7.
N° 13.
Profil type
appliqué au profil n° 16, seulement
Fig. 8.
Echelle des longueurs
Echelle des hauteurs

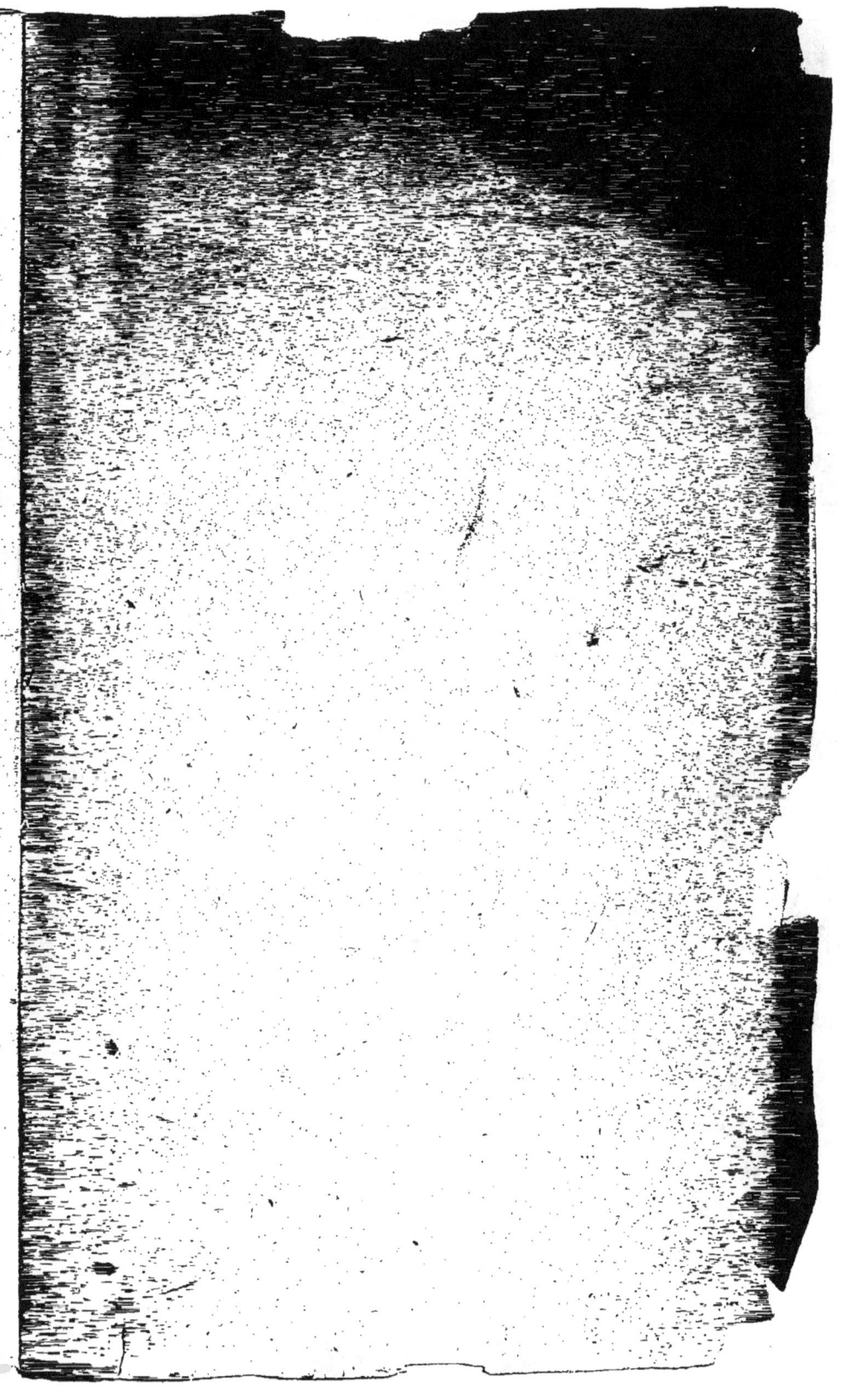

www.ingramcontent.com/pod-product-compliance
Lightning Source LLC
Chambersburg PA
CBHW071943160426
43198CB00011B/1523
9782014503951